彩图1　古罗马角斗场，古罗马建筑的典型代表，也是古罗马帝国的象征。角斗场又名斗兽场、露天竞技场。因它建于弗拉维王朝（公元69—96年）时期，故又称弗拉维露天剧场

彩图2　迪拜帆船酒店，全球唯一一个七星级酒店，塔高321m，共56层

彩图 3　北京奥林匹克体育馆，鸟瞰内部场馆，像中国古代的青花瓷碗，
与文化相结合；外部形态奇特，形似鸟巢，是新中国的建筑代表

彩图 4　北京颐和园内谐趣园中的"饮绿"（左）和"洗秋"（右）

彩图 5　皇家园林中的宫殿建筑喜欢用浓烈的色彩对比带来强烈的视觉冲击力，
如红柱、红墙、黄屋顶与白台基的对比

彩图 6　以建筑群体中主要建筑的轴线为中心轴线，次要建筑、道路、建筑小品等
布置在轴线两侧，形成对称式建筑群体组合

彩图 7　法国的巴黎圣母院,是哥特式建筑的典型代表,
总体风格特点是空灵、纤瘦、高耸、尖峭

彩图 8　悉尼歌剧院由十个薄壳组成,它们的排列有着音乐般美妙的韵律。
白色的壳体在碧水蓝天的映衬下,如沙滩上白色的贝壳,引人遐思无限

彩图 9　流水别墅因地制宜，结合地形起伏变化使建筑高低错落、层次分明，
并与环境融为一体，实现了建筑与自然高度结合的梦想

彩图 10　该建筑表面构件的材料、色彩、
形态的独特设计造成强烈的个性特征

彩图 11　五亭桥的造型典雅秀丽，黄瓦朱柱，配以白色栏杆，亭内彩绘藻井，
富丽堂皇。五亭桥有 15 个桥洞，十五月圆之夜，每洞各衔一月，别具情趣

彩图 12　玻璃亭的构造，营造出一种现代的相素美

高职高专园林工程技术专业规划教材

园 林 建 筑 设 计

主编　方秉俊

中国建材工业出版社

图书在版编目（CIP）数据

园林建筑设计/方秉俊主编．—北京：中国建材
工业出版社，2014.1（2024.7重印）
高职高专园林工程技术专业规划教材
ISBN 978-7-5160-0663-4

Ⅰ.①园… Ⅱ.①方… Ⅲ.①园林建筑-园林设计-高等
职业教育-教材　Ⅳ.①TU986.4

中国版本图书馆 CIP 数据核字（2013）第 286727 号

内 容 简 介

本教材共分五部分，包括绪论、园林建筑的场地及空间、建筑构造、园林单体建筑设计、园林建筑小品。游憩性建筑主要以亭、廊、架的设计为主，服务性建筑主要以茶室、大门入口、游船码头的设计为主，园林建筑小品主要以服务类、展示类小品的设计为主。本教材应用项目化教学理论，以园林建筑设计项目、任务为载体，做到了教、学、做相结合，知识构架系统化且具有较好的实用性。

园林建筑设计

主　编　方秉俊

出版发行：中国建材工业出版社
地　　址：北京市西城区白纸坊东街 2 号院 6 号楼
邮　　编：100054
经　　销：全国各地新华书店
印　　刷：北京雁林吉兆印刷有限公司
开　　本：787mm×1092mm　1/16
印　　张：14.25　彩插 0.5
字　　数：356 千字
版　　次：2014 年 1 月第 1 版
印　　次：2024 年 7 月第 3 次
定　　价：**59.00 元**

本社网址：**www. jccbs. com. cn**　公众微信号：**zgjcgycbs**
本书如有印装质量问题，由我社事业发展中心负责调换，联系电话：(010) 63567692

前　言

　　本教材以高职教育培养目标为指导，依据"立足使用、打好基础、强化能力"的教学原则，结合高职教育教学特点进行编写，以岗位职业能力为基础构建教材体系。

　　教材编写打破学科理论体系，以景观工程项目设计流程为纲，划分教学单元、组织教学内容，包括园林建筑的布局，单体园林建筑的初步设计、施工图设计，具有较强的系统性；从功能上看，园林建筑主要分为游憩性建筑、服务性建筑、园林建筑小品三大类。根据高职教育的特点，园林建筑设计的教学内容不可能涉及所有的建筑类型，因此游憩性建筑主要以亭、廊、架的设计为教学内容，服务性建筑主要以茶室、大门入口、游船码头的设计为教学内容，园林建筑小品主要以服务类、展示类小品的设计为教学内容，教学内容具有相对的完整性。

　　教材以真实（或模拟）的园林建筑设计项目、任务为载体，教学做相结合；将项目化教学的理论纳入到教学体系中，且将典型项目分解成若干相对独立的子项目，又将各子项目拓扑排序成有序序列，从而让学生构建一个系统

FOREWORD

全面的知识框架。

本教材共分五部分：第一部分为绪论；第二部分为园林建筑的场地及空间；第三部分为建筑构造；第四部分为园林单体建筑；第五部分为园林建筑小品。

本书在编写过程中，参考了众多业内专家的论著，并借鉴精品课程相关网络资源，吸取了有关书籍和论文的最新成果，本书还得到成都某景观公司朱家锋、成都农业科技职业学院杨莲芝热情的帮助和指导，在此一并表示衷心感谢！

由于编者水平有限，书中不足之处敬请各位专家、读者批评指正。

编者

2013 年 9 月

目 录

CONTENTS

绪 论

一、建筑设计概论

1. 建筑的含义

建筑通常认为是建筑物和构筑物的总称。其中供人们生产、生活或进行其他活动的房屋或场所都叫做"建筑物",如住宅、学校、办公楼、影剧院、体育馆、工厂的车间等,人们也习惯将建筑物称为"建筑";而人们不在其中生产、生活的建筑,则称为"构筑物",如水坝、水塔、蓄水池、烟囱等。

在本质上,建筑是人工创造的空间环境,老子认为:"凿户牖以为室,当其无,有室之用。故,有之以为利,无之以为用。"意思是说:开凿门窗造房屋,有了门窗、四壁中的空间,才有房屋的作用。所以,"有"(门窗、墙等实的空间)所给人们的"利"(利益、功利),是需要"无"(虚空间)起作用的;建筑是技术与艺术的综合体,有人把建筑比喻成"凝固的音乐",无疑是把建筑看成是一种艺术,例如古罗马的角斗场(彩图1)、迪拜帆船酒店(彩图2)等。同时,建筑也是人们劳动创造的物质财富。

因此,对于建筑的基本概念,可以理解为它是建筑工程的营造活动,也可以理解为这种活动的成果——建筑物或构筑物,也是某个时期、某种风格建筑物及其所体现的技术与艺术的总称。例如:山西应县佛宫寺释迦塔,也称应县木塔(图0.1),是中国古代传统建筑杰出抗震能力的集中代表,这座木塔是当今世界现存最高的木结构建筑。

基于对建筑的基本概念的理解,其建筑是由以下三个基本要素构成的:建筑功能、建筑的物质技术条件、建筑的艺术形象。

(1)建筑功能指建筑的用途。建筑的目的是获取符合使用要求的有效空间。因此,建筑应满足人体尺度和人体活动所需的空间尺度;建筑应满足人的生理要求,如良好的朝向、保温隔热、隔声、防潮、防水、采光、通风条件等;建筑应满足不同类别的建筑具有不同使用特点要求,例如交通建筑要求人流线路流畅,观演建筑要求有良好的视听环境,工业建筑必须符合生产工艺流程的要求等。

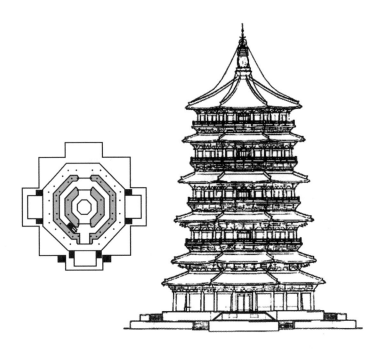

图 0.1　应县木塔

（2）建筑的物质技术条件指建造房屋的手段。它包括：材料技术，即物质基础；结构技术，即构成建筑空间的骨架；施工技术，即实现建筑生产的过程和方法；设备技术，即改善建筑环境的技术条件。

（3）建筑的艺术形象是功能和技术的综合反映。它包括建筑的体型、内外部空间的组合、立面构图、细部与重点装饰处理、材料的质感与色彩、光影变化等。作为人类的建筑，也应当是社会的建筑，因此建筑具有明显的时代性、地域性、民族性的特征。现代许多建筑在美观的基础上还强调新、奇、特——时代性，如北京奥林匹克体育馆——鸟巢（彩图3）；南北方气候温差较大，北方建筑都比较厚重，南方建筑轻巧开敞——地域性；不同民族的不同建筑形式——民族性，如藏族的碉楼（图0.2）、傣族的竹楼（图0.3）、蒙古族的蒙古包（图0.4）。

图 0.2　藏族的碉楼

图 0.3　傣族的竹楼　　　　　　　　　图 0.4　蒙古族的蒙古包

　　建筑三要素的关系是辩证的统一体，互相联系、约束，又不可分割，但又有主次之分。其建筑功能起主导作用。建筑技术是达到目的的手段和保障，技术对功能又有约束和促进作用。建筑形象是功能和技术的综合反映。如果充分发挥设计者的主观作用，在一定的功能和技术条件下，可把建筑设计得更加美观。

　　在建筑设计中，我国目前的建筑设计方针是：适用——能提供符合使用要求的空间，安全——结构的坚固耐久，经济——建筑标准，美观——外观造型。

2. 建筑的分类和等级

1）建筑的分类

（1）按使用性质划分

① 民用建筑。指的是供人们工作、学习、生活、居住等类型的建筑。包括居住建筑，如住宅、宿舍、公寓等；公共建筑，如办公建筑、文教建筑、商业建筑、医疗建筑、交通建筑、园林建筑等。

② 工业建筑。指的是各类厂房和为生产服务的附属用房。

③ 农业建筑。指各类供农业生产使用的房屋，如温室、仓库、加工厂等。

（2）按结构类型划分

指以承重构件的选用材料与制作方式、传力方法的不同而划分，一般分为以下几种：

① 砌体结构。这种结构的竖向承重构件是墙体，水平承重构件为钢筋混凝土楼板及屋面板。这种结构一般用于多层建筑中。

② 框架结构。这种结构的承重部分是由钢筋混凝土或钢材制作的梁、板、柱形成的骨架，墙体只起围护和分隔作用。这种结构可以用于多层和高层建筑中。

③ 钢筋混凝土板墙结构。这种结构的竖向承重构件和水平承重构件均采用钢筋混凝土制作，施工时可以在现场浇注或在加工厂预制、现场吊装。这种结构可以用于多层和高层建筑中。

④ 特种结构。这种结构又称为空间结构。它包括悬索、网架、拱、壳体等结构型式。这种结构多用于大跨度的公共建筑中。

（3）按建筑层数或总高度划分

①住宅建筑的1~3层为低层，4~6层为多层，7~9层为中高层，10层及以上为高层；

②公共建筑及综合性建筑总高度超过24m为高层，不超过24m为多层；

③建筑总高度超过100m时，不论其是住宅或公共建筑均为超高层。

2）建筑等级的划分

（1）按建筑的设计使用年限划分

根据《民用建筑设计通则》（GB 50352—2005）中对建筑物的耐久年限作的规定，可将建筑分为4类，见表0.1。

（2）建筑的耐火等级分类

现行《建筑设计防火规范》（GB 50016—2006）把建筑物的耐火等级划分成四级，如表0.2所示。一级的耐火性能最好，四级最差。性质重要的或规模宏大的或具有代表性的建筑，通常按一、二级耐火等级进行设计；大量性的或一般的建筑按二、三级耐火等级设计；很次要的或临时建筑按四级耐火等级设计。

表0.1　建筑物的耐久年限规定

类别	设计使用年限/年	建筑物性质	类别	设计使用年限/年	建筑物性质
1	100年以上	纪念性建筑和特别重要的建筑	3	25~50年	易于替换结构构件的建筑
2	50~100年	普通建筑物和构筑物	4	5年以下	临时性建筑

表0.2　建筑物构件的燃烧性能和耐火极限（h）

名　称		耐火等级			
构　件		一级	二级	三级	四级
墙	防火墙	不燃烧体3.00	不燃烧体3.00	不燃烧体3.00	不燃烧体3.00
	承重墙	不燃烧体3.00	不燃烧体2.50	不燃烧体2.00	难燃烧体0.50
	非承重外墙	不燃烧体1.00	不燃烧体1.00	不燃烧体0.50	燃烧体
	楼梯间、电梯井的墙 住宅单元墙、分户墙	不燃烧体2.00	不燃烧体2.00	不燃烧体1.50	难燃烧体0.50
	疏散走道两侧的隔墙	不燃烧体1.00	不燃烧体1.00	不燃烧体0.50	难燃烧体0.25
	房间隔墙	不燃烧体0.75	不燃烧体0.50	难燃烧体0.50	难燃烧体0.25
柱		不燃烧体3.00	不燃烧体2.50	不燃烧体2.00	难燃烧体0.50
梁		不燃烧体2.00	不燃烧体1.50	不燃烧体1.00	难燃烧体0.50
楼　板		不燃烧体1.50	不燃烧体1.00	不燃烧体0.50	燃烧体
屋顶承重构件		不燃烧体1.50	不燃烧体1.00	燃烧体	燃烧体
疏　散　楼　梯		不燃烧体1.50	不燃烧体1.00	难燃烧体0.50	燃烧体
吊顶（包括吊顶搁栅）		不燃烧体0.25	难燃烧体0.25	难燃烧体0.15	燃烧体

建筑构件的耐火极限，是指按建筑构件的时间—温度标准曲线进行耐火试验，从受到火的作用时起，到失去支持能力或完整性被破坏或失去隔火作用时止的这段时间，用小时表示。具体判定条件如下：

①失去支持能力；

②完整性被破坏；

③丧失隔火作用。

构件的燃烧性能分为三类：

①不燃烧体。即用不燃烧材料做成的建筑构件，如天然石材。

② 燃烧体。即用可燃或易燃烧的材料做成的建筑构件，如木材等。

③ 难燃烧体。即用难燃烧的材料做成的建筑构件，或用燃烧材料做成而用不燃烧材料做保护层的建筑构件，如沥青混凝土构件。

3. 建筑模数

建筑模数是选定的尺寸单位，作为尺度协调中的增值单位，也是建筑设计、建筑施工、建筑材料与制品、建筑设备、建筑组合件等各部分进行尺寸协调的基础。建筑模数协调统一标准中的基本尺度单位，用符号 M 表示，1M＝100mm。

（1）扩大模数

指基本模数的整数倍，又包括：

① 水平扩大模数。基数为 3M、6M、12M、15M、30M、60M 六个。

② 竖向扩大模数。基数为 3M 和 6M。

（2）分模数

分模数是基本模数的分数值。其基数为 1/10M、1/5M、1/2M 三个，其相应的尺寸为 10mm、20mm、50mm。

模数数列是以基本模数、扩大模数、分模数为基础扩展的数值系统，其扩展幅度和数值见表 0.3。模数数列根据建筑空间的具体情况拥有各自的适用范围，建筑物中的所有尺寸，除特殊情况外，一般都应符合模数数列的规定。

表 0.3 建筑模数数列及用途（mm）

模数名称		分模数			基本模数	扩大模数					
模数基数	代号	1/10M	1/5M	1/2M	M	3M	6M	12M	15M	30M	60M
	尺寸	10	20	50	100	300	600	1200	1500	3000	6000
系列号		1	2	3	4	5	6	7	8	9	10
模数数列及幅度		10	20	50	100	300	600	1200	1500	3000	6000
		20	40	100	200	600	1200	2400	3000	6000	12000
		30	60	150	300	900	1800	3600	4500	9000	18000
		40	80	......	400	1200	2400	4800	6000	12000	24000
		50	100		500	1500	3000	6000	7500	......	30000
		60	120	800	600	1800	3600	7200	9000		36000
		70	140		700	2100	4200	8400	10500	36000	
		80	......		800	2400	4800	9600	......		
		90			900	2700	5400	10800			
		100	400		......	......	6000	......	12000		
		110					6600				
		120			1500	6000	......	12000			
		130									
		140					9000				
		150									
适用范围		主要用于缝隙、构造节点、建筑构件的截面及建筑制品的尺寸			主要用于建筑构件的截面、建筑制品、门窗洞口、建筑构配件及建筑物的开间、进深、层高尺寸				主要用于建筑构配件及建筑物的开间、进深、层高尺寸			

　　为了保证建筑制品、构配件等有关尺寸间的统一与协调，尺寸又分为标志尺寸、构造尺寸、实际尺寸三种尺寸。标志尺寸是用以标注建筑物定位轴线之间的距离（跨度、柱距、层高等）以及建筑制品、建筑构配件、组合件、有关设备位置界限之间的尺寸；构造尺寸是生产、制造建筑构配件、建筑组合件、建筑制品等的设计尺寸，一般情况下，构造尺寸为标志尺寸减去缝隙或加上支承尺寸；实际尺寸是建筑制品、建筑构配件等的实有尺寸。

　　几种尺寸间的相互关系见图 0.5。

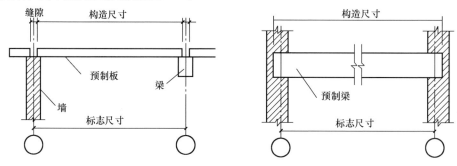

图 0.5　几种尺寸间的相互关系

4. 建筑工程设计的内容和程序

1）设计内容

　　建筑工程设计是指设计一个建筑物或者一个建筑群所要做的全部工作，一般包括：建筑设计、结构设计、设备设计三个方面的内容。

（1）建筑设计

　　在总体规划的前提下，根据任务书的要求，综合考虑基地环境、使用功能、结构施工、材料设备、建筑经济及建筑艺术等问题，着重解决建筑物内部各种使用功能和使用空间的合理安排，建筑物与周围环境，与各种外部条件的协调配合，内部和外表的艺术效果，各个细部的构造方式等，创造出既符合科学性又具有艺术性的生产和生活环境。

　　建筑设计是整个设计工作的先行，常处于主导地位，具有较强的政策性、技术性和综合性。建筑设计包括总体和个体设计两方面，一般是由建筑师来完成。

（2）结构设计

　　主要是根据建筑设计选择切实可行的结构方案，进行结构计算及构件设计、结构布置及构造设计等，一般是由结构工程师来完成。

（3）设备设计

　　主要包括给水排水、电气照明、通讯、采暖、空调通风、动力等方面的设计，由有关的设备工程师配合建筑设计来完成。

2）建筑工程项目的基本流程

　　建筑工程项目一般流程包括项目建议书、项目可行性研究报告、建设立项、建筑策划、建筑设计、建筑施工。

（1）项目建议书

　　描述对拟建项目的初步设想，如基建项目的内容、选址、规模、建设必要性、可行性、获利预测等。

（2）项目可行性研究报告

由投资者或者经济师对项目的市场情况进行分析，并作出投资决策的结论。

（3）建设立项

一旦认为项目可用性，投资者或业主则要将项目的市场情况、工程建设条件、投资规模、项目定位、技术可行性、原材料来源等进行调查、预测、分析，并作出投资决策的结论。

（4）建筑策划

即不仅依赖于经验和规范，并借助于现代科技手段，以调查为基础对项目的设计依据进行论证，并最终制订设计任务书。

（5）建筑设计

根据设计任务书的要求和可行的工程技术条件，进行建筑专业设计、结构专业设计、设备专业设计，以及经济投入概预算的技术工作。

（6）建筑施工

根据建筑设计图纸进行工程建设投标、施工组织设计、建筑施工、建设监理、竣工验收等工作。

3）建筑设计全过程的各个工作阶段

（1）设计前期

① 核实并熟悉设计任务的必要文件。如：主管部门的批文、城建部门的批文、设计任务书等。

② 收集必要的设计原始数据。通常建设单位提出的设计任务，主要是从使用要求、建设规模、造价和建设进度方面考虑的，房屋的设计和建造，还需要收集下列相关原始数据和设计资料。如：气象资料，地形、地质、水文资料，水电等设备管线资料，设计项目的有关定额指标等。

③设计前的研究分析。根据设计的相关文件及调查资料，设计前必须对其研究分析，一般包括：建筑物的使用要求，建筑材料供应和结构施工等技术条件，当地建筑传统经验和生活习惯，基地踏勘并考虑拟建建筑的位置和总平面布局的可能性。

（2）设计阶段

在我国，建筑设计过程一般包括方案设计、初步设计、技术设计、施工图设计四个主要阶段。如图 0.6 所示，为了便于了解，现把建筑设计的全部过程用图的形式归纳如下：

①方案设计。根据设计任务书的要求和收集到的必要基础资料，结合基地环境，综合考虑技术经济条件和建筑艺术要求，对建筑总体布局、空间组合进行最合理的安排，提出两个或者多个方案，并广泛吸取各方面的意见，反复研究，作出合理的方案。方案设计文件应满足编制初步设计文件的需要。

②初步设计。指在方案设计基础上的进一步设计，但设计深度还未达到施工图的要求，小型工程可能不必经过这个阶段直接进入施工图。初步设计文件应满足编制施工图设计文件的需要。

③技术设计。对于大型工程一般还需要进行技术设计，主要任务是在初步设计的基础上，进一步确定建筑工程各工种之间的技术问题。

④施工图设计。主要任务是在初步设计和技术设计的基础上，按照有关规定和要求绘制施工图，解决施工时的技术问题，满足设备材料采购、非标准设备制作和施工的需要。

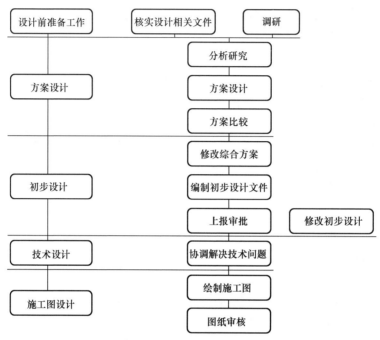

图 0.6　设计流程图

5. 建筑设计的主要依据

建筑设计产物是建筑产品，建筑产品既是技术产品也是艺术产品，不仅要满足人民生活、工作、娱乐、生产等物质功能要求，也需要满足人们的精神要求。设计建筑工程时，不仅要符合民用建筑物质、精神双重属性，还要考虑众多影响因素。在建筑设计过程中，应充分考虑以下的主要影响因素。

（1）自然条件

建筑设计受到自然条件的制约，其中包括：①气候条件，如温度、湿度、日照、雨雪、风向、风速等气象条件。如图 0.7 为风玫瑰图，图中实线部分表示全年风向频率，虚线部分表示夏季风向频率，风向是指由外吹向地区中心；②地形、地质条件和地震烈度；③水文条件。

我国地域辽阔，温度带跨度大，南北气候差异变化明显，因此建筑设计者在设计建筑时，要与各地气候特点相适应。例如设计外墙：南方外墙可考虑空斗墙；北方外墙必须采用抗寒冷性能好的 370 砖墙。寒冷地区民用建筑设计应满足保温、防寒、防冻、防风渗等要求；炎热地区民用建筑设计要保证通风、隔热等性能要求。南方地质构造复杂多样，地质灾害频繁发生，建筑设计者在设计民用建筑时要充分考虑这些因素，不要在泥石流易发生地区建造房屋。在地质活动频繁的四川、云南等地设计建筑时要考虑地震等自然灾害，以保证建筑安全性能与使用功能。

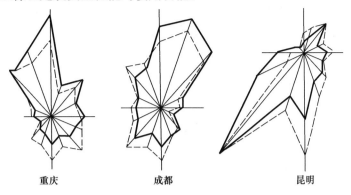

重庆　　　　　　　成都　　　　　　　昆明

图 0.7　风玫瑰图

地震烈度表示当发生地震时，地面及建筑物遭受破坏的程度。地震烈度在 6 度以下时，地震对建筑影响较小，一般不考虑抗震措施。9 度以上地区，地震破坏力很大，一般应尽量避免在该地区修建建筑。

（2）人体尺度及家具设备

人体尺度（图 0.8），1962 年建筑科学研究院提供的人体测量值，可作为设计时的参考。人体活动所需的空间尺度（图 0.9）是确定建筑空间的基本依据。建筑是供人使用的，它的空间尺度必须满足人体活动的要求，既不能使人活动不方便，也不应过大，造成不必要的浪费。建筑物中的家具、设备的尺寸，踏步、窗台、栏杆的高度，门洞、走廊、楼梯的宽度和高度，也都和人体尺度及其活动所需空间尺度有关。所以，人体尺度和人体活动所需的空间尺度是确定建筑空间的基本依据。

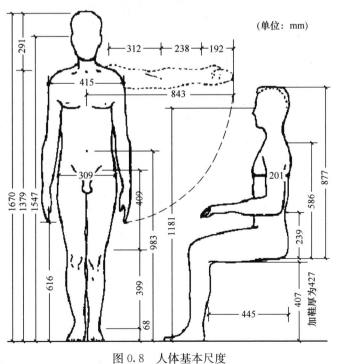

图 0.8　人体基本尺度

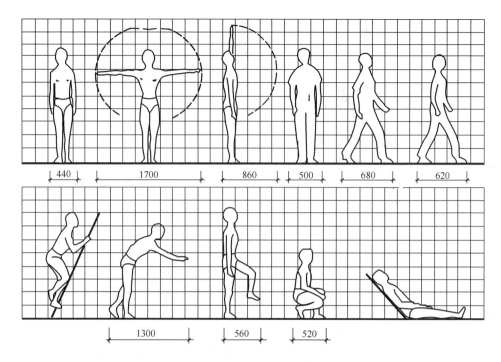

图 0.9　人体活动所需的空间尺度

　　如图 0.10 所示，家具和设备尺寸及使用它们所需要使用的空间，是考虑房间内部面积的主要依据。进行建筑的平面和空间设计时，必须妥善地布置家具、设备，并留足使用空间。

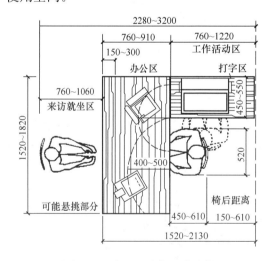

图 0.10　家具和设备尺寸示例

（3）功能要求

　　建筑设计是建筑赖以存在的先决条件，建筑技术与建筑材料的发展决定建筑设计形式的发展，而建筑设计形式又对建筑物使用功能产生深远的影响。改革开放以来，我国建筑设计已经进入新的转型期，新时代建筑在功能要求方面更为复杂，这就需要建筑设计者不断更新，转变观念。

二、园林建筑

1. 园林建筑的概念与特点

（1）园林建筑的概念

　　在园林风景中，既有使用功能，又能与环境组成景色，供观赏游览的各类建筑物或构筑物、园林小品等都可统称为园林建筑。

（2）园林建筑的特点

　　园林建筑类型丰富、造型轻巧、组合形式多样、富于变化，是园林造景的主要手段。凡是园林建筑，它们的外观形象与平面布局除了满足和反映其特殊的功能性质之外，还要受到园林造景的制约，即我们在做具体设计的时候要把园林建筑的个性与共性相结合，使得园林建筑体现出"精、宜、巧、雅"的特点，在满足功能需要的同时，和整体园林景观相互渗透、融合。

2. 园林建筑的作用与分类

1）园林建筑的作用

根据园林建筑的特点可以看出，园林建筑大都具有使用和景观创造两个方面的作用。就使用方面而言，它们可以是具有特定使用功能的展览馆、观赏温室、游船码头等；也可以是具备一般使用功能的休息类建筑，如亭、榭、轩等；还可以是供交通之用的桥、廊、花架等；另一方面，园林建筑对景观创造方面所起的积极作用可以概括为以下四个方面：

（1）点景

重要园林建筑成为整个园林景观布局的重点，成为构景中心，园林的风格也在一定程度上取决于建筑的风格。

（2）观景

建筑物的位置、朝向、封闭或开敞的处理往往取决于得景之佳否，即是否能够使观赏者在视野范围内取到最佳的风景画面。

（3）划分空间

利用建筑物围合成一系列的庭院，或者以建筑为主，辅以山石花木将园林划分成若干空间。

（4）组织游览路线

以道路结合建筑物的穿插、"对景"和障隔，创造步移景异、具有导向性的动态观赏效果。

如图 0.11 所示，北京颐和园中的长廊，北依万寿山，南临昆明湖，穿亭越阁，蜿

图 0.11　颐和园长廊局部

蜒曲折，把万寿山前各景点的建筑在水平方向上串联起来。既分隔了空间，又是交通枢纽，也作为万寿山与昆明湖的过渡空间的处理。既是点景，又是观景所在。人在廊内漫步，一边是松柏山色和掩隐在万绿丛中的各组建筑群，另一边则是让人心旷神怡，开阔坦荡的昆明湖，"湖光山色"妙不可言。这不仅提高了游人的游园兴趣，而且能引起人们的深思遐想，给人以新奇感。

2）园林建筑的类型

（1）按园林建筑的使用功能可分为：

① 园林建筑小品。园林中体量小巧、功能简明、造型别致、富有情趣、选址恰当的精美建筑物称为园林建筑小品。其内容丰富，在园林中起点缀环境、活跃景色、烘托气氛、加深意境的作用。园林建筑小品包括两个方面：一是园林的局部（如花架、园椅、园灯等）和配件（如园门、景墙等），二是园林建筑的局部和配件（如景窗、栏杆等）。

② 游憩性建筑。园林中给游人提供游览、休息、赏景的场所称为游憩性建筑。其本身也是点景或者景观的构图中心，如亭、廊、榭、舫、花架、游船码头等。

③ 服务性建筑。园林中为游人在游览途中提供生活上服务的建筑称为服务性建筑，如路标、导游牌、标志物、果皮箱、茶室、大门及入口、公厕等。

（2）按园林建筑的性质可分为传统园林建筑和现代园林建筑两大类。

中国传统园林是具有可行、可望、可游、可居功能的人工与自然相结合的形体环境，其构成的主要元素有山、水、花木和建筑。它是多种艺术的综合体，反映着传统哲学、美学、文学、绘画、建筑、园艺等多门类科学艺术和工程技术的成就。其传统园林建筑是源远流长的独立发展的体系，风格优雅，结构灵巧。其发展大致经历了秦汉、三国两晋南北朝、隋唐五代、宋辽金元、明清几个时期。直至20世纪，始终保持着自己独特的结构和布局原则，而且传播、影响到其他国家。

① 亭：一种中国传统建筑，多建于路旁，供行人休息、乘凉或观景用。亭一般为开敞性结构，亭没有围墙，顶部可分为四角、六角、八角、圆形等多种形状。园中之亭，应当是自然山水或村镇路边之亭的"再现"，水乡山村，道旁多设亭，供行人歇脚，有半山亭、路亭、半江亭等。由于园林是艺术，所以园中之亭是很讲究艺术形式的，亭在园景中往往是个"亮点"，起到画龙点睛的作用。《园冶》中说，亭"造式无定，自三角、四角、五角、梅花、六角、横圭、八角到十字，随意合宜则制，惟地图可略式也。"这许多形式的亭，以因地制宜为原则，只要平面确定，其形式也就基本确定。如我国的四大名亭：醉翁亭（图0.12）、陶然亭、爱晚亭和湖心亭。

② 廊：中国古代建筑中有顶的通道，包括回廊和游廊，基本功能为遮阳、防雨和供人小憩。廊是中国古代建筑的重要组成部分，如：殿堂檐下的廊，作为室内外的过渡空间，是构成建筑物造型上虚实变化和韵律感的重要手段；围合庭院的回廊，对庭院空间的格局、体量的美化起重要作用，并能造成庄重、活泼、开敞、深沉、闭塞、连通等不同效果；园林中的游廊则主要起着划分景区、造成多种多样的空间变化、增加景深、引导最佳观赏路线等作用（图0.13）。在廊的细部常配有几何纹样的栏杆、坐凳、鹅项椅（又称美人靠或吴王靠）、挂落、彩画；隔墙上常饰以什锦灯窗、漏窗、月洞门、瓶

门等各种装饰性建筑构件。

图 0.12　四大名亭之首——滁州醉翁亭

图 0.13　游廊

　　③榭：建筑在水边或水上，供人们游憩眺望的亭阁，常与廊、台组合在一起。中国传统园林中水榭的传统做法是：在水边架起一个平台，平台一半深入水中，一半架于岸边，平台四周以低平的栏杆相围绕，然后在平台上建起一个木构的单体建筑物。建筑

的平面形式通常为长方形，其临水一侧特别开敞，有时建筑物的四周都立着落地门窗，显得空透、畅达，屋顶常用卷棚歇山式样，檐角地平轻巧；檐下玲珑的挂落、柱间微曲的鹅项靠椅和各式门窗栏杆等，常为精美的木作工艺，既朴实自然，又简洁大方。如苏州拙政园芙蓉榭（图0.14）、北京颐和园"谐趣园"（图0.15）中的"洗秋"和"饮绿"（彩图4）。

图0.14 苏州拙政园芙蓉榭

图0.15 颐和园"谐趣园"

④ 舫：为水边或水中的船形建筑，前后分作三段，前舱较高，中舱略低，后舱建二层楼房，舱顶则为歇山式样，供人们游玩设宴、观赏水景，由于舫不能动又称不系舟。如苏州拙政园的"香洲"、北京颐和园的"清晏舫"等。

⑤ 庑殿：中国古代建筑中的一种形式，是中国古代建筑中至高无上的建筑形式。庑殿建筑屋面有四大坡，前后坡屋面相交形成一条正脊，两山屋面与前后屋面相交形成四条垂脊，故庑殿又称四阿殿、五脊殿。在封建社会，庑殿建筑实际上已经成为皇家建筑，其他官府、衙属、商埠、民宅等，是绝不允许采用庑殿这种建筑形式的，如太和殿（彩图 5）、乾清宫。

除了上述主要传统园林建筑形式，还有轩、阁、塔、斋、牌坊、牌楼等，这里不一一叙述。

园林建筑为了满足社会生活和人们精神上的需要，随着社会的进步而逐渐演化和发展，并以各种姿态来体现它的实用性、灵活性、通用性、艺术性和观赏性，满足现代人文化娱乐活动的需要。

第一，现代园林建筑更加强调以人为本的宗旨，园林是自然的人工化，是第二自然，就应当很好地为公众服务。因此，园林建筑除了美学上、功能上的要求外，其舒适度也要考虑人体工程学、心理学、行为学，必须符合人的使用要求。以人为本的宗旨指的是既为人的一切，也是指为一切的人，包括为行动不便的残障人士提供无障碍设施。第二，高科技的广泛应用。现代科技的进步，新材料、新结构、新技术和新工艺的应用，将为现代园林建筑的造型、结构、安装和装饰等方面创造更多新的表达手段。现代框架结构的力学原理与传统木结构体系是基本一致的，运用现代结构手段可以创造出像古典园林那样灵活多变、渗透流动的空间。各种新型材料的质感和色彩也有助于表现现代园林建筑轻快明朗的性格。现代声光电技术的发展将大大丰富新颖的园林建筑。如利用电子技术可以创造出"动感雕塑"的艺术效果，创造出光影变化的神话般的境界。

3. 中外园林与园林建筑的发展

1）中国古典园林

在中国古典园林中，其建筑是园林创造中的主要元素，中国古典园林的发展及其特点：

（1）商周的"囿"——萌芽期

"囿"是园林的雏形，除部分人工建造外，大片的还是朴素的天然景色。如周灵台、灵沼、灵囿（图 0.16）。

（2）秦汉时的宫苑和私家园林——形成期

秦汉建筑宫苑和私家园林有一个共同的特点，即有了大量建筑与山水相结合的布局，出现了我国传统的山水园林特色。历史上有名的宫苑，如上林苑、阿房宫、长乐宫、未央宫等。

（3）隋、唐、宋宫苑与唐、宋写意山水园——成熟期

唐宋时期经济与文化的高度发展，山水诗、山水画的流行，必然影响到园林创作，诗情画意写入园林，以景入画，以画设景，形成了"唐宋写意山水园"的特色。它效法自然、高于自然、寓意于景、情景交融，富有诗情画意，为明清园林特别是江南私家园

林所继承和发展，成为我国园林的重要特点之一。同时，寺院园林兴盛。

图 0.16　周灵台、灵沼、灵囿示意图

（4）明清宫苑和江南私家园林——高峰期

明代时期，苏州由于农业、手工业十分发达，许多官僚地主均在此建造私园宅园，一时形成一个造园的高潮。现存的许多园林如拙政园、留园（图 0.17）等，最初都是在这个时期建造的。

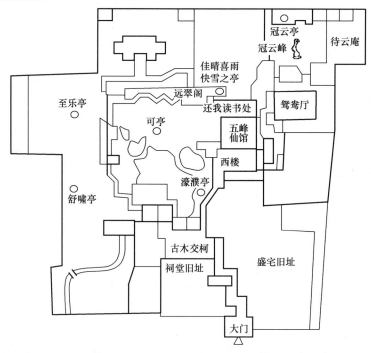

图 0.17　留园平面简图

清代宫苑园林，一般建筑数量多、尺度大、装饰豪华、庄严，园中布局多园中有园，即使有山有水，仍注重园林建筑的控制和主体作用。不少园林造景模仿江南山水，吸取江南园林的特色，称为建筑山水宫苑。清代园林的一个重要特点是集各地园林胜景于一园，每一风景都有其独特的主题、意境和情趣。代表作有北京的颐和园（彩图6）、圆明园和承德避暑山庄。

2）日本枯山水园林

日本园林受中国园林影响很大，两者之间存在着许多相似之处。但经过日本长期的历史过滤与消化，逐步形成了具有日本文化性格特征的园林艺术。枯山水是日本脱胎于中国园林的延伸，是"一花一世界"的禅学观点运用到园林表现上。枯山水庭园是源于日本本土的缩微式园林景观，多见于小巧、静谧、深邃的禅宗寺院。顾名思义，枯山水并没有水，是干枯的庭院山水景观，在一些地方，枯山水庭院内甚至排除了草木。其主要特点是，用山石和白砂为主体，用以象征自然界的各种景观。如白砂可以代表大川、海洋，甚至云雾，石头则可寓意大山、瀑布等。典型的枯山水庭院几乎都集中在日本的古都——京都。而作为日本枯山水庭院的最高峰，则是京都大德寺大仙院庭院（图0.18）。

图0.18　京都大德寺大仙院

3）西方园林发展史

（1）造园时代

欧美国家在18世纪中叶以前手工业时期，只有供皇帝使用的猎苑（相当于中国周文王之囿）、富裕阶层的私园。其中，猎苑和寺庙的圣林是自然的或半自然的，其余都是人工建造的。这个时期的园林中，第一类是实用园林，没有什么艺术设计，都是由园丁或园主人自行安排建造的，是小型的。第二类是中型的，有美术设计，中轴对称，有的场合也配上水池、喷泉、雕塑或花架、亭、榭，一般布置在别墅、住宅建筑物外围。第三类是大型主题园林，包括阶地露坛式园林与平地几何式园林，如凡尔赛宫苑（图0.19），面积近万亩，是西方园林艺术的代表。

图 0.19　凡尔赛宫

（2）风景造园时期

欧洲发生工业革命，接着出现了城市化，城市居民厌倦了那种精雕细刻、修剪整形、几何式园林。而与此同时，中国的充满生趣的自然山水式园林传入欧洲，西方开始效法东方造园艺术，如纽约中央公园（图 0.20）。

图 0.20　纽约中央公园

4）东西方园林建筑比较

西方建筑充满着宗教神秘主义的情绪，如西方建筑中的哥特式建筑，其总体风格特点是空灵、纤瘦、高耸、尖峭。其空灵的意境和垂直向上的形态，则是基督教精神内涵最确切的表述。高而直、空灵、虚幻的形象，似乎直指上苍，启示人们脱离这个苦难、充满罪恶的世界，而奔赴"天国乐土"。其代表作：法国的巴黎圣母院（彩图 7）、意大利的米兰大教堂、德国的科隆大教堂都是代表；中国的建筑则是儒家文化的反映，崇尚自然，这是东西方园林建筑带来不同观感的本质原因，可归结为几个方面：

（1）中西方建筑材料的不同

传统的西方建筑长期以石头为主体；传统的东方建筑则一直是以木头为构架的。

（2）建筑空间的布局不同

中国无论何种建筑，从住宅到宫殿，几乎都是一个格局，类似于"四合院"模式，中国建筑的美又是一种"集体"的美，如北京四合院（图 0.21）；西方建筑是开放的单体的空间格局向高空发展，多以柱式的设计手法为主。

图 0.21　北京四合院示意图

（3）建筑价值观不同

东方着重写意，求天地万物的和谐发展；西方着重写实，崇尚几何体形式。

【练习与思考】

1. 建筑设计的内容包括哪三个方面？
2. 建筑设计的程序分为哪几个阶段？
3. 设计阶段的两阶段设计和三阶段设计分别是什么？每一阶段的设计的任务、内容及图纸、设计文件分别是什么？
4. 叙述园林建筑在园林景观创造中所起的作用。
5. 对比东西方园林建筑，并叙述其差异。

园林景观工程项目
设计任务书

一、项目概况

1. 项目名称：那里·新城休闲绿地景观设计

根据国家相关标准规范的规定，结合本工程实际情况，进行本工程景观方案及施工图的设计。

2. 区域位置

中国南方某城市休闲绿地景观，南临湖滨绿化带，西、南临城市主干道，东临某名人故居，用地北侧为市郊，且有一古塔，地势为丘陵地，如图0.22所示（场地现状图

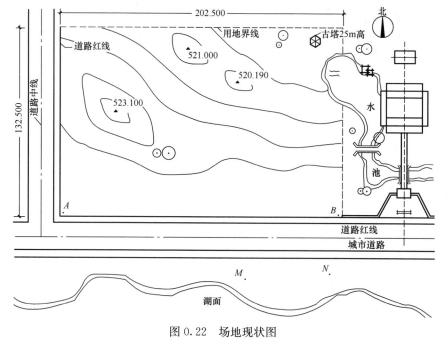

图 0.22　场地现状图

或者设计任务书教师也可以根据要求自行提供）。

规划区域面积：26831.25m²；用地性质：公共绿化用地。

3. 场地现状

标高控制点 A、B 分别为：$H_A = 517.760m$，$H_B = 517.580m$，水池常水位线为 516.820m，洪泛水位线为 517.280m，规划区地下水位 515.628m，等高距为 2.000m；坐标控制点分别为：A（800.680，1128.120）、B（800.560，1322.580）。

4. 当地水文气象

该地区气温日差较小，夏季闷热时间长，冬季很少降雪，平均相对湿度 70%～80%，景观设计中应考虑夏季防热遮阳，通风降温的要求，其风象见图 0.23 风玫瑰图。

二、设计依据

1. 国家现行相关规范、规定；

2. 03J012-1　环境景观——室外工程细部构造；

3. 03J012-2　环境景观——绿化种植设计；

4. 04J012-3　环境景观——亭、廊、架之一；

5. 06SJ805　建筑场地园林景观设计深度及图样；

6. 10J012-4　环境景观——滨水工程；

7. DB35/T 811-2008　景观装饰用 LED 灯具；

8. LD/T 75.3-2008　建设工程劳动定额，园林绿化工程——园

图 0.23 风玫瑰图

林景观工程；

9. QB/T 4161-2011　园林景观用聚乙烯塑木复合型材；

10. 本项目其他附件资料。

三、设计要求原则

1. 规划要求其公园内的建筑用地西南两面的建筑控制线（建筑红线）分别从用地红线后退 5m，坡度大于 10% 的区域为非建筑区域，建筑物不得突出建筑控制线。

2. 基本技术指标要求。绿地面积：70% 左右；硬质景观面积：30% 左右、建筑密度不超过 5%；日照距离按 1：1.5 考虑。

3. 建筑形态：该景区内的园林建筑类型最好包括亭、廊（花架），茶室、园林建筑小品等。其中茶室建筑用地面积不限，层数 1～3 层，层高自定，茶室客流量可按中小规模平均 120 人/天设计。要求除具有品茶、赏景、会客、卡拉 OK 等功能外，还应考虑具有会议室、快餐厅、小卖部、停车场、厕所等功能。

4. 其他要求：规划区内现存的乔木树木必须保留，沿湖岸 M、N 两点间观看古塔无遮挡，应满足居住区级公园和名人故居 2 个景点连续参观的要求；建筑的水暖电均由城市集中供应；所建道路最大坡度为 5%。

5. 景观设计周期：30 天。

6. 在设计中注意把握生态化设计、整体化设计、人本化设计、景观文化功能的设计原则。

四、设计内容、成果及深度

第一阶段：方案设计

1. 方案设计文件

封面、目录、设计说明、设计图纸（其中封面、目录不作具体规定，可视工程需要确定）。

2. 设计说明

（1）设计依据及基础资料

① 由主管部门批准的规划条件（用地红线、总占地面积、周围道路红线、周围环境、对外出入口位置、地块容积率、绿地率及原有文物古树等级文件、保护范围等）。

② 建筑设计单位提供的与场地内原有建筑相关的设计图纸，如地下管线综合图、地下建筑平面图、覆土深度等。

③ 园林景观设计范围及甲方提供的使用及造价要求。

④ 地形测量图。

⑤ 有关气象、水文、地质资料。

⑥ 地域文化特征及人文环境。

⑦ 有关环卫、环保资料。

（2）场地概述

① 本工程所在城市、周围环境（周围建筑性质、道路名称、宽度、能源及市政设施、植被状况等）。

② 场地内原有建筑性质、立面、高度、体形、外饰面的材料及色彩、主要出入口位置，以及对园林景观设计的特殊要求。

③ 场地内的道路系统。

④ 场地内需保留的文物、古树、名木及其他植被范围及状况描述。

⑤ 场地内自然地形概况。

⑥ 土壤情况。

（3）总平面设计

① 设计原则。

② 设计总体构思、主题及特点。

③ 主要景点设计及组成元素，即功能分区。

④ 种植设计的特点、主要树种类别（乔木、灌木）。

⑤ 对地形及原有水系的改造、利用。

⑥ 有关环卫、环保设施的设计说明。

⑦ 技术经济指标（见表 0.4）。

3. 设计图纸

（1）场地现状图，常用比例 1∶500～1∶1000

① 原有地形、地物、植物状态。

② 原有水系、范围、走向。

③ 原有古树、名木、文物的位置、保护范围。

④ 需要保留的其他地物（如：市政管线等）。

（2）总平面图，常用比例1：500～1：1000

① 地形测量坐标网、坐标值。

② 设计范围（招标合同设计范围），用中粗点画线表示。

③ 场地内建筑物一层（也有称为底层或首层，±0.000）外墙轮廓线，标明建筑物名称、层数、出入口等位置及需保护的古树名木位置、范围。

④ 场地内道路系统，地上停车场位置。

⑤ 标明设计范围内园林景观各组成元素的位置、名称（如：水景、铺装、种植范围等）。

⑥ 主要地形设计标高或等高线，如山体的山顶控制标高等。

⑦ 图纸比例、指北针或风玫瑰。

表 0.4　技术经济指标

项　目	单　位	数　值	比　例
园林景观设计总面积	m²		
种植总面积	m²		占园林景观设计总面积＿＿＿％
铺装总面积	m²		占园林景观设计总面积＿＿＿％
景观建筑面积	m²		占园林景观设计总面积＿＿＿％
水体总面积	m²		占园林景观设计总面积＿＿＿％

（3）功能分区图，常用比例1：500～1：1000

在总平面图基础上突出标明各类功能分区，如供观赏的主要景点、供休闲的各类场地，及儿童游戏场、运动场、停车场等不同功能的场地，各功能分区联系的道路系统。

（4）种植设计总平面图，常用比例1：500～1：1000

① 种植设计的范围。

② 种植范围内的乔木、灌木、非林下草坪的位置、布置形态，并标明主要树种名称、种类、主要观赏植物形态（可给出参考图片）。

（5）主要景点放大平面图，常用比例1：100～1：300。

（6）主要景点的立面图或效果图（手绘、彩色透视）。

（7）设备管网与场地外线衔接的必要文字说明或示意图。

第二阶段：初步设计

1. 初步设计文件包括：封面、目录、设计说明、设计图纸、工程概算书。其编制顺序如下：

（1）总封面

① 项目名称。

② 编制单位名称。

③ 项目设计编号。

④ 设计阶段。

⑤ 编制单位法定代表人、技术总负责人、项目总负责人姓名及其签字或授权盖章。

⑥ 编制年、月。

（2）设计文件目录

① 目录应包括序号，不得空缺。

② 图号应从"1"开始，依次编排，不得从"0"开始。

③ 目录一般包括序号、图号、图纸名称、备注。

④ 当图纸修改时，可在图号"景初1"后加 a，b，c（a 表示第一次修改版，b 为第二次修改版）。

（3）设计说明书，包括设计总说明、各专业设计说明。

（4）设计图纸（可另单独成册）。

（5）概算书（可另单独成册，此概算书视具体工程情况确定或只给出工程的估算）。

2. 设计总说明

（1）设计依据及基础资料

① 主管部门批准的规划设计文件及有关建筑初步设计文件。

② 由主管部门批准的园林景观方案设计文件及审批意见。

③ 建筑设计单位提供的与场地内原有建筑相关的设计图纸，如地下管线综合图、地下建筑平面图、覆土深度等。

④ 本工程地形测量图、坐标系统、坐标值及高程系统。

⑤ 有关气象资料、工程地质、水文资料及生态特征等。

（2）场地概述

① 本工程场地所在城市、区域、周围城市道路名称、宽度、景观设计性质、范围、规模等。

② 本工程周围环境状况、交通、能源、设施、主要建筑、植被状况。

③ 本工程所在地区的地域特征、人文环境。

④ 场地内与园林景观设计相关情况，主要包括：场地内保留的原有地形、地物（保留的原有建筑物、构筑物、需保留的文物、植物、古树、名木的保护等级及保护范围、水系等）；场地内原有建筑性质、层数、体形、高度、外饰面材料、色彩、主要出入口位置、地下建筑的范围及覆土厚度；场地内车行、人行道路系统及对外出入口位置；日照间距及防噪声抗污染等要求。

⑤ 其他需要说明的情况。

（3）总平面设计

① 设计主要特点、主要组成元素及主要景点设计。

② 场地无障碍设计。

③ 新材料、新技术的应用情况（如能源利用等）。

④ 其他。

（4）竖向设计

① 竖向设计的特点。

② 场地的地表雨水排放方式及雨水收集、利用。

③ 人工水体、下沉广场、台地、主要景点的高程处理，注明控制标高。

（5）种植设计

① 种植设计原则。

② 对原有古树、名木和其他植被的保护利用。

③ 植物配置。

④ 屋面种植特殊处理（是否符合建筑物结构允许荷载，有良好的排灌、防水系统、防冻措施、防风处理措施）。

⑤ 树种的选择主要包括：主要树种、特殊功能树种、观赏树种。

⑥ 种植技术指标（见表 0.5）。

表 0.5 种植技术指标

项　目	单　位	数　值
种植总面积（包括地下建筑物上种植面积，屋顶种植面积）	m²	
乔木树种及总棵树；灌木名称及总面积	m²	
地被名称及总面积	m²	
草坪名称及总面积	m²	

（6）主要水景设计——自然水系的利用及主要人工水景的特点，水源及排水方式。

（7）主要景观建筑设计形式（即有一定活动空间的，如：亭、榭、楼、廊、茶室、游船码头等）。

（8）主要景观小品设计形式（如雕塑、水池、花坛、标志、景墙等）。

（9）铺装设计特点，主要面层材料的色彩、材质等。

（10）技术经济指标（表 0.6）。

（11）总说明中已叙述的内容，在各专业说明中可不再重复。

表 0.6 技术经济指标

项　目		单　位	数值	比　例
园林景观设计总面积		m²		
种植总面积		m²		占园林景观设计总面积____%
铺装总面积		m²		占园林景观设计总面积____%
景观建筑面积		m²		占园林景观设计总面积____%
水体总面积		m²		占园林景观设计总面积____%
土方工程量	挖方	m³		
	填方	m³		

3. 设计图纸

（1）总平面图，根据工程需要，可分幅表示，常用比例 1∶300～1∶1000

① 地形测量坐标网、坐标值。

② 设计范围以点画线表示。

③ 场地内建筑物一层（也有称为底层或首层，±0.000）外墙轮廓以实粗线表示。标明建筑物名称、层数、高度、编号、出入口，需保护的文物、植物、古树、名木的保护范围，地下建筑物位置（其轮廓以粗虚线表示）。

④ 场地内机动车道路、对外出入口、人行系统、地上停车场。

⑤ 园林景观设计

a. 表示种植范围，重点孤植观赏乔木及列植，乔木宜以图例单独表示。

b. 标明自然水系（湖泊河流表示范围，河流表示水流方向）、人工水系、水景。

c. 广场铺装表示外轮廓范围（根据工程情况表示大致铺装纹样），标注名称和材料的质地、色彩、尺寸。

d. 园林景观小品均需表示位置、形状、园路走向、名称（如雕塑、水池、花坛、标志、景墙等）。

e. 标注主要控制坐标。

f. 根据工程情况表示园林景观无障碍设计。

⑥ 指北针或风玫瑰。

⑦ 补充图例。

⑧ 技术经济指标，同初步设计的列表内容（见表 0.4）。

⑨ 图纸上的说明：a. 设计依据；b. 定位坐标；c. 尺寸单位；d. 其他。

（2）竖向布置图，常用比例 1∶300～1∶1000，就是在初步设计的总平面图的基础上补充以下内容（其中园林景观设计尺寸标注等内容可在总平面图的基础上适当简化）：

① 与场地园林景观设计相关的建筑物室内±0.000 设计标高（相当绝对标高值）、建筑物室外地坪标高。

② 与园林景观设计相关的道路中心线交叉点设计标高。

③ 自然水系、最高、常年、水底设计标高、人工水景控制标高。

④ 地形设计标高、坡向、范围。

⑤ 主要景点的控制标高（如下沉广场的最低标高、台地的最高标高），场地地面的排水方向。

⑥ 根据工程需要，做场地设计地形剖面图并标明剖线位置。

⑦ 根据工程需要，提供初步土方量工程量。

⑧ 图纸上的说明：a. 设计依据；b. 尺寸单位；c. 其他。

（3）种植平面图，常用比例 1∶300～1∶1000

① 分别表示不同种植类别，如：乔木（常绿、落叶）、灌木（常绿、落叶）、非林下草坪，重点表示其位置、范围。

② 屋顶花园种植，可依据需要单独出图。

③ 苗木表，表示名称（中名、拉丁名）、种类、胸径、冠幅、树高。

④ 指北针或风玫瑰图。

（4）水景设计图，常用比例：1∶10，1∶20，1∶50，1∶100

① 人工水体剖面图，重点表示各类驳岸形式。

② 各类水池（如喷水池、戏水池、种植池、养鱼池等）

a. 平面图、立面图，重点表示位置、形状、尺寸、面积、高度等。

b. 剖面图，重点表示水深及池壁、池底构造、材料方案等，其中：喷水池应表示喷水高度、喷射形状、范围等（示意图）。

c. 各类水池根据工程需要表示水源及水质保护设施。

③ 溪流

a. 平面图，重点表示源、尾、走向及宽度等。

b. 剖面图，重点表示溪流截面形式、水深等（必要时给出纵剖面图）。

④ 跌水、瀑布等

a. 平面图，重点表示位置、形状、水面宽度、落水处理等。

b. 立面图，重点表示形状、宽度、高度、落水处理等。

c. 剖面图，重点表示跌落高度、级差、水流导体材料、落水处理等。

⑤ 旱喷泉，位置、喷射范围、高度、喷射形式。

⑥ 指北针或风玫瑰图。

（5）铺装设计图，常用比例：1∶10，1∶20，1∶50，1∶100，重点表示铺装形状、材料；重点铺装设计还应表示铺装花饰、颜色等。

（6）园林景观建筑、小品设计图，常用比例1∶10，1∶20，1∶50，1∶100

① 单体平面图，重点表示形状、尺寸等。

② 立面图，重点表示式样、高度等。

③ 剖面图，重点表示构造示意及材料等。

④ 标出电气照明、园林景观照明等位置。

第三阶段：施工图设计

1. 施工图设计文件

（1）总封面应标明以下内容

① 项目名称。

② 编制单位名称。

③ 项目的设计编号。

④ 设计阶段。

⑤ 编制单位法定代表人、技术总负责人和项目总负责人的姓名、签字或授权盖章。

⑥ 编制年月（即出图年、月）。

（2）合同要求所涉及的所有设计图纸（含图纸目录、说明和必要的设备、材料、苗木表）以及图纸总封面。

（3）合同要求的工程预算书。对于方案设计后直接进入施工图设计的项目，若合同未要求编制工程预算书，施工图设计文件应包括工程概算书。

2. 设计说明

（1）施工图阶段设计文件应包括封面、目录、设计说明书、设计图纸。

（2）施工设计文件顺序同初步设计。

（3）图纸目录应先列新绘制的图纸，后列选用的标准图。

（4）施工图设计说明

① 设计依据

a. 由主管部门批准建筑场地园林景观初步设计文件、文号。

b. 由主管部门批准的有关已建建筑施工图设计文件或施工图设计资料图（其中包括总平面图、竖向设计、道路设计和室外地下管线综合图及相关建筑设计施工图、建筑一层平面图、地下建筑平面图、覆土深度、建筑立面图等)。

② 工程概况，包括建设地点、名称、景观设计性质、设计范围面积 (如方案设计或初步设计为不同单位承担，应摘录与施工图设计相关内容)。

③ 材料说明，有共同性的，如：混凝土、砌体材料、金属材料强度等级、型号；木材防腐、油漆；石材等材料要求，可统一说明或在图纸上标注。

④ 防水、防潮做法说明。

⑤ 种植设计说明 (应符合城市绿化工程施工及验收规范要求)：

a. 种植土要求。

b. 种植场地平整要求。

c. 苗木选择要求。

d. 植栽种植的季节、施工要求。

e. 植栽间距要求。

f. 屋顶种植的特殊要求。

g. 其他需要说明的内容。

⑥ 新材料、新技术做法及特殊造型要求。

⑦ 其他需要说明的问题。

3. 设计图纸

(1) 总平面图，根据工程需要，可分幅表示，常用比例 1:300～1:1000

① 地形测量坐标网、坐标值。

② 设计场地范围、坐标、与其相关的周围道路红线、建筑红线及其坐标。

③ 场地中建筑物以粗实线表示一层 (也有称为底层或首层，±0.000) 外墙轮廓，并标明建筑坐标或相对尺寸、名称、层数、编号、出入口及±0.000设计标高。

④ 场地内需保护的文物、古树、名木名称、保护级别、保护范围。

⑤ 场地内地下建筑物位置、轮廓以粗虚线表示。

⑥ 场地内机动车道路系统及对外车行人行出入口位置，及道路中心交叉点坐标。

⑦ 园林景观设计元素，以图例表示或以文字标注名称及其控制坐标。

a. 绿地宜以填充表示，屋顶绿地宜以与一般绿地不同的填充形式表示。

b. 自然水系、人工水系、水景应标明。

c. 广场、活动场地铺装表示外轮廓范围 (根据工程情况表示大致铺装纹样)。

d. 园林景观小品，如雕塑、水池、花坛、标志、景墙等需表示位置、名称、形状、园路走向、主要控制坐标。

e. 根据工程情况表示园林景观无障碍设计。

⑧ 相关图纸的索引 (复杂工程可出专门的索引图)。

⑨ 指北针或风玫瑰。

⑩ 补充图例、图纸上的说明：a. 设计依据；b. 定位坐标；c. 尺寸单位；d. 其他。

(2) 竖向布置图，常用比例 1:300～1:1000，就是在施工图设计的总平面图的基础上补充以下内容：

① 与园林景观设计相关的建筑物一层室内±0.000设计标高 (相当绝对标高值)

及建筑四角散水底设计标高。

② 场地内车行道路中心线交叉点设计标高。

③ 自然水系常年最高、最低水位；人工水景最高水位及水底设计标高；旱喷泉、地面标高。

④ 人工地形形状设计标高（最高、最低）、范围（宜用设计等高线表示高差）。

⑤ 标注园林景观建筑、小品的主要控制标高，如亭、台、榭、廊标±0.000 设计标高，台阶、挡土墙、景墙等标顶、底设计标高。

⑥ 主要景点的控制标高（如下沉广场的最低标高，台地的最高、最低标高等）及主要铺装面控制标高。

⑦ 场地地面的排水方向，雨水井或集水井位置。

⑧ 根据工程需要，做场地设计剖面图，并标明剖线位置、变坡点的设计标高，土方量计算。

⑨ 图纸上的说明：a. 设计依据；b. 尺寸单位；c. 其他。

（3）种植总平面图，常用比例 1∶300～1∶1000

① 场地范围内的各种种植类别、位置，以图例或文字标注等方式区别乔木、灌木、常绿落叶等（由各单位根据习惯拆分，但都应表示清楚）。

② 苗木表，乔木重点标明名称（中名及拉丁名）、树高、胸径、定干高度、冠幅、数量等；灌木、树篱可按高度、棵数与行数计算、修剪高度等；草坪标注面积、范围；水生植物标注名称、数量。

③ 指北针或风玫瑰图。

（4）平面分区图，在总平面图上表示分区及区号、分区索引。分区应明确，不宜重叠，用方格网定位放大时，标明方格网基准点（基准线）位置坐标、网格间距尺寸、指北针或风玫瑰图、图纸比例等。

（5）各分区放大平面图，常用比例 1∶100～1∶200 表示各类景点定位及设计标高，标明分区网格数据及详图索引、指北针或风玫瑰图、图纸比例。

定位原则：

① 亭、榭一般以轴线定位，标注轴线交叉点坐标；廊、台、墙一般以柱、墙轴线定位，标注起、止点轴线坐标或以相对尺寸定位。

② 柱以中心定位，标注中心坐标。

③ 道路以中心线定位，标注中心线交叉点坐标；庭园路以网格尺寸定位。

④ 人工湖不规则形状以外轮廓定位，在网格上标注尺寸。

⑤ 水池规则形状以中心点和转折点定位，标注坐标或相对尺寸；不规则形状以外轮廓定位，在网格上标注尺寸。

⑥ 铺装规则形状以中心点和转折点定位，标注坐标或相对尺寸；不规则形状以外轮廓定位，在网格上标注尺寸。

⑦ 观赏乔木或重点乔木以中心点定位，标中心点坐标或以相对尺寸定位；灌木、树篱、草坪、花境可按面积定位。

⑧ 雕塑以中心点定位，标中心点坐标或相对尺寸。

⑨ 其他均在网格上标注定位尺寸。

（6）详图

① 种植详图

a. 植栽详图。

b. 植栽设施详图（如树池、护盖、树穴、鱼鳞穴等）平面、节点材料做法详图。

c. 屋顶种植图（视工程可单独出图），常用比例 1：20～1：100。

② 水景详图，常用比例 1：10～1：100

a. 人工水体，剖面图，表示各类驳岸构造、材料、做法（湖底构造、材料做法）。

b. 各类水池

平面图：表示定位尺寸、细部尺寸、水循环系统构筑物位置尺寸、剖切位置、详图索引。

立面图：水池立面细部尺寸、高度、形式、装饰纹样、详图索引。

剖面图：表示水深、池壁、池底构造材料做法，节点详图。

喷水池：表示喷水形状、高度、数量。

种植池：表示培养土范围、组成、高度、水生植物种类、水深要求。

养鱼池：表示不同鱼种水深要求。

c. 溪流

平面图：表示源、尾，以网格尺寸定位，标明不同宽度、坡向；剖切位置，详图索引。

剖面图：溪流坡向、坡度、底、壁等构造材料做法、高差变化、详图。

d. 跌水、瀑布等

平面图：表示形状、细部尺寸、落水位置、形式、水循环系统构筑物位置尺寸；剖切位置，详图索引。

立面图：形状、宽度、高度、水流界面细部纹样、落水细部、详图索引。

剖面图：跌水高度、级差，水流界面构造、材料、做法、节点详图、详图索引。

e. 旱喷泉

平面图：定位坐标，铺装范围；剖切位置，详图索引。

立面图：喷射形式、范围、高度。

剖面图：铺装材料、构造做法（地下设施）、详图索引及节点详图。

③ 铺装详图

平面图：铺装纹样放大细部尺寸，标注材料、色彩、剖切位置、详图索引。

构造详图：常用比例 1：5～1：20（直接引用标准图集的本图略）。

④ 景观建筑、小品详图

a. 亭、榭、廊、膜结构等有遮蔽顶盖和交往空间的景观建筑

平面图：表示承重墙、柱及其轴线（注明标高）、轴线编号、轴线间尺寸（柱距）、总尺寸、外墙或柱壁与轴线关系尺寸及与其相关的坡道散水、台阶等尺寸、剖面位置、详图索引及节点详图。

顶视平面图：详图索引。

立面图：立面外轮廓，各部位形状花饰，高度尺寸及标高，各部位构造部件（如雨篷、挑台、栏杆、坡道、台阶、落水管等）尺寸、材料、颜色，剖切位置、详图索引及节点详图。

剖面图：单体剖面、墙、柱、轴线及编号，各部位高度或标高，构造做法、详图索引。

b. 景观小品，如雕塑、水池、花坛、标志、景墙等

平面图：平面尺寸及细部尺寸；剖切位置，详图索引。

立面图：式样高度、材料、颜色、详图索引。

剖面图：构造做法、节点详图。

c. 图纸比例 1：10～1：100。

（7）图纸增减

① 景观设计平面分区图，及各分区放大平面图，可根据设计需要确定增减。

② 根据工程需要可增加铺装及景观小品布置图。

五、设计成果的计量单位

均采用国际标准计量单位。

长度单位：总平面图及标高标注尺寸以米（m）为单位；平、立、剖面图及大样图标注尺寸以（mm）为单位；

面积单位：均以平方米（m²）为单位；

体积单位：均以立方米（m³）为单位。

针对"园林建筑设计"这门课程，根据"那里·新城休闲绿地景观设计"项目的设计内容和设计要求，按照园林建筑设计课程的内容体系，将其设计任务进行分解，如图0.24所示，主要解决该景观工程项目中关于园林建筑设计的相关内容。

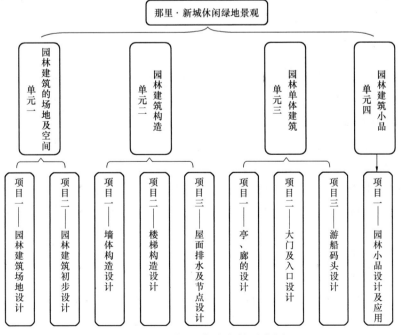

图 0.24　项目、任务拓扑示意图

单元一　园林建筑的场地及空间

项目一　园林建筑场地设计

 学习目标：

通过本项目的学习和实训，掌握建筑场地设计中应考虑的相关因素，掌握其设计方法与技巧。

 能力标准：

能根据景观工程项目设计任务书设计并正确绘制景观工程的总平面图、竖向布置图、功能分区图等。

一、应知部分

对于建筑物或建筑群来说，其存在必然处于一个特定的环境中，在基地上的位置、朝向、体型的大小和形状、出入口的位置及建筑造型等都受到总体规划和基地条件的制约。由于地基条件、基地周围环境的影响，为使建筑物既满足使用要求又能与基地环境协调一致，必须对建筑场地进行细致的分析，正确处理建筑与城市总体规划的关系、建筑与周围环境的关系、建筑与场地的关系，这也是进行建筑场地设计的依据和方法。

1. 建筑与城市规划的关系

为保证城市发展的整体利益，同时也为确保建筑与总体环境的协调，建筑场地设计必须满足城市规划的要求，同时应符合国家和地方有关部门订制的设计标准、规范、规定，这是设计的前提条件。

1）城市规划的要求

如图 1.1 所示，城市规划对于建筑场地设计的要求一般包括：对用地性质和用地范围的控制；对于容积率、建筑密度、绿地率、绿化覆盖率、建筑高度、建筑后退红线距离等方面指标的控制；以及对交通出入口的方位规定等。他们对建筑场地设计尤其是建筑布局起着决定性的影响。

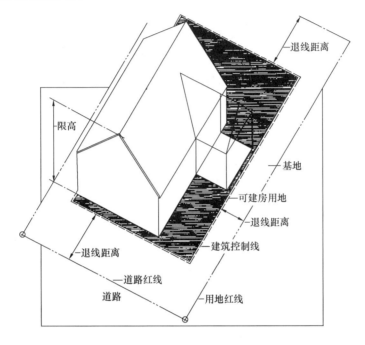

图 1.1　规划条件示意图

（1）对用地性质的控制

城市规划对规划区域中的用地性质有明确限定，规定了它的适用范围，决定了用地内适建、不适建、有条件可建的建筑类型。

（2）对用地范围、建筑范围的控制（图 1.2）

① 用地红线

用地红线指规划主管部门批准的各类工程项目的用地界限。

a. 道路红线。规划主管部门确定的各类城市道路路幅（含居住区级道路）用地界限；

b. 绿线。规划主管部门确定的各类绿地范围的控制线；

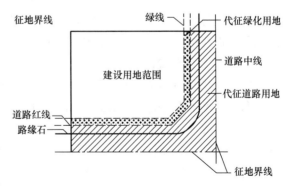

图 1.2　征地范围和建设用地范围

c. 蓝线。规划主管部门确定的江、河、湖、水库、水渠、湿地等地表水体保护的控制的界限；

d. 紫线。国家和各级政府确定的历史建筑、历史文物保护范围界限；

e. 黄线。规划主管部门确定的必须控制的基础设施的用地界限。

② 建筑控制线是建筑物基底退后用地红线、道路红线、绿线、蓝线、紫线、黄线一定距离后的建筑基底位置不能超过的界限，退让距离及各类控制线管理规定应按当地规划部门的规定执行。后退距离可以用来安排广场、绿化及地下管线等设施。

（3）对用地强度的控制

规划中对基地使用强度的控制是通过容积率、建筑覆盖率、绿地率、绿化覆盖率等指标来实现的，将基地的适用强度控制在一个合适的范围内。

容积率是指基地内所有建筑物的建筑面积之和与基地总用地面积的比值。

建筑密度是指基地内所有建筑物的基底面积之和与基地总用地面积的百分比，它表明了场地内土地被建筑占用的比例，即建筑物的密集程度，从而反映了土地的适用效率。

绿地率是指基地内绿化用地总面积与基地总面积的百分比，不包括屋顶、晒台的人工绿地。

（4）建筑形态

建筑形态的控制是为保证城市整体的综合环境质量，创造地域特色、文化特质、和谐统一的城市面貌而确定的，主要针对文物保护地段、城市重点区段、风貌街区及特色街道附近的场地，并根据用地共能特性、区位条件及环境景观状态等因素，提出不同的限制要求。

除了上述几方面的要求外，城市规划对建筑高度、交通出入口的方位、建筑主要朝向、主入口方位等方面的要求，在建筑场地设计中也应同时予以满足。

2）相关规范的要求

设计规范对建筑场地设计也会有大的影响，主要表现在对一些具体的功能和技术问题的要求。在《民用建筑设计通则》中，对于场地内建筑物的布局、建筑物与相邻场地的边界线的关系、建筑突出物与建筑红线的关系，基地内的道路设置、道路对外出入口的位置、绿化及管线的布置、场地竖向设计等方面有比较具体的规定；在《建筑设计防火规范》《高层民用建筑设计防火规范》中对场地内的消防车道、建筑物的防火间距等消防问题有很严格的要求。对规范中的规定和要求在设计中予以遵守和满足。

2. 建筑与周围环境的关系

任何一幢建筑物都必须处在具体的环境中，因此周围的环境状况必然影响建筑物的布局。在建筑场地设计时，要处理好与周围环境的关系，以便于使周围整体环境和谐有序。建筑的周围环境主要包括建筑周围的自然环境和建筑周围的建设环境两部分。

1）建筑周围的自然环境

建筑周围的自然环境，主要包括地形、地貌、地质、水文、气候条件等。

（1）地形与地貌

地形条件对建筑场地设计的影响是很重要的。一般情况下从经济合理性和周围生态环境保护的角度出发，设计时对自然地形应以适应和利用为主，深入分析地形、地貌的形状和特点，使建筑布置经济合理。根据建筑物与地形等高线位置的相互关系，坡地建筑一般有以下两种布置方式。

① 建筑物平行于等高线的布置

如图 1.3 所示，通常坡地建筑均采用建筑物平行于等高线的布置方式。这种布置方式，通入房屋的道路和入口容易解决，房屋建造的土方量和基础造价都比较省。当房屋建造在 10% 左右的缓坡上时，采用提高勒脚的方法，使房屋的前后勒脚调整到同一标高（图 1.4）；或采用筑台的方法，平整房屋所在的基地（图 1.5）；当坡度在 25% 以上时，房屋单体的平、剖面设计应适当调整，采用沿进深方向横向错层的布置方式比较合理（图 1.6），这样的布置方式节省土方和基础工程量。

图 1.3　平行于等高线布置示意

图 1.4　调整勒脚标高　　　　图 1.5　采用筑台　　　　图 1.6　横向错层

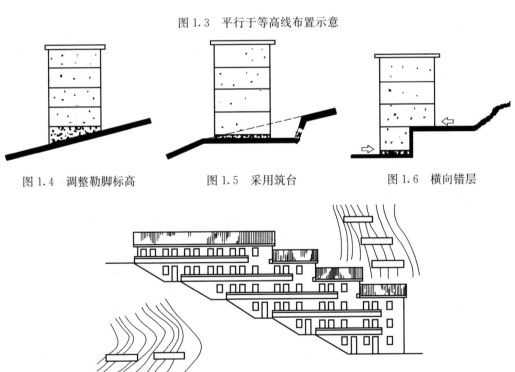

图 1.7　垂直于等高线布置示意

② 建筑物垂直或倾斜于等高线的布置

当基地坡度大于 25%，建筑平行于等高线布置，对朝向不利时，通常采用垂直（图 1.7）或倾斜（图 1.8）于等高线的方式布置。这种布置方式在坡度较大时，房屋的通风、排水问题比平行于等高线布置容易解决，但是基础处理和道路布置比平行于等高线布置要复杂。

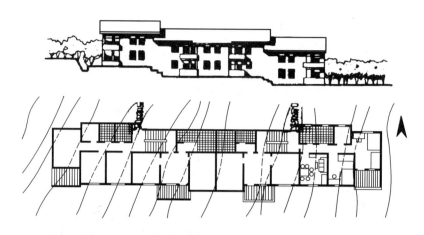

图1.8 斜交于等高线布置示意

（2）地质与水文条件

地质、水文条件关系到建筑物位置的选择和地下工程设施、管道的布置方式及地面排水的组织方式。建筑场地设计时需要掌握的基地地质情况包括：地面以下一定深度的土壤特性；土壤和岩石的种类及组合方式；土层冻结深度；基地所处地区的地震情况以及地上、地下的一些不良地质现象等。基地的水文情况包括河、湖、海、水库等各种地表水体的情况和地下水位情况。

（3）气象与小气候

气象条件的依据是各地的观测统计资料和实际气候状态。影响总平面布置的气象要素主要有常年主导风向、冬夏两季主导风向，风力情况、日照、气温、降水情况等。

① 气象特点

从建筑节能、生态环保出发，建筑布局应适应所处地区的气象特点，建筑物采用的布局形式和平面的基本形态要考虑寒冷地区的保温或炎热地区通风散热的要求。一般寒冷地区的建筑物以集中式布局为宜，利于冬季保温；炎热地区的建筑物以分散式布局，利于夏季散热。

② 日照因素

a. 朝向。建筑总体布局要为获得室内冬暖夏凉的舒适环境创造条件。确定建筑朝向时，除了考虑建筑物内部房间的使用要求外，还应考虑太阳辐射强度、日照时间、常年主导风向、场地周围的道路环境等因素。

在我国，南向一般是最受人们欢迎的建筑朝向。从建筑的受热情况来看，南向在夏季太阳照射的时间虽然比冬季长，但因夏季太阳高度角大，从南向窗户照射到室内的深度和时间较少，相反，冬季时南向的日照时间和深度都比夏季大，这就有利于夏季避免日晒而冬季利用日照。从室内日照、通风等卫生要求来考虑，一般希望建筑物朝南或朝南稍偏。根据地区维度和主导风向的不同，适当调整建筑物的朝向，常能改善房屋的日照和通风条件。在设计时要特别注意避免西晒问题，若因场地条件限制，建筑布置必须朝西时，要适当设置遮阳设施。

另外还要注意，一些人流比较集中的公共建筑，主要朝向通常和人流走向、街道位置及周围建筑的布置关系密切。风景区的建筑一般又以更好体现景色、绿化条件作为布置房间朝向的主要因素。

b. 日照间距。建筑物的间距应根据日照、通风、消防、室外工程及节约用地、减少投资等方面因素来确定。其中日照间距是确定房屋间距的主要因素，通常大于其他方面所需的间距。

日照间距：日照间距的计算通常以冬至日中午正南方向太阳能照射到房屋底层窗台的高度为依据，如图1.9所示。计算公式为：

$$L = (H - H_1) \times \cot\alpha \times \cos\beta \tag{1.1}$$

式中　L——两排建筑的日照间距；

　　　H——前排建筑背阳侧檐口至地面的高度；

　　　H_1——后排建筑底层窗台至地面的高度；

　　　α——太阳高度角；

　　　β——太阳方位角。

不同建筑物有不同的日照标准。我国《民用建筑设计通则》规定，住宅每户至少有一个居室、宿舍，每层至少有半数以上的居室能获得冬至日满窗日照不少于1h，托儿所、幼儿园、老年人或残疾人专用住宅的主要居室、医院、疗养院至少半数病房应获得冬至日满窗日照不少于3h。

在实际设计中，一般通过控制日照间距系数来确定房屋间距，即以日照间距L和前排房屋高度H的比值来表达。我国大部分地区的系数值为1.0～1.8。南方地区的系数值较小，而北方地区则偏大。

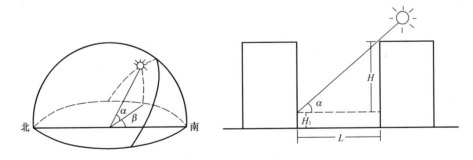

图1.9　日照间距计算

在建筑设计中，可以将建筑顶部设计为坡顶形式或作退台处理，可以扩大空间利用或减少建筑日照间距，提高用地利用率，如图1.10所示。

c. 风向因素。我们知道，我国大部分地区处于北温带，南北气候差异过大。在长江中、下游地区及华南地区，炎热天气持续时间较长，而且湿度较大，必须重视自然通风，建筑朝向应根据夏季主导风向布置，以获得"穿堂风"；在冬季寒冷地区，则存在防寒、保温和防风沙侵袭的要求；一般情况下，我们可借助当地风玫瑰图所示的主导风向来考虑建筑的朝向。

d. 小气候因素。小气候因素是指由于基地及周围环境的一些具体条件比如地形、植被情况、周围环境中的建筑物等具体情况的影响，基地内的具体气候条件会在地区整个气候条件的基础上有所变化，形成基地特定的小气候。建筑布局应努力创造良好的场地小气候环境，比如北方地区应注意广场、活动场和庭院等室外活动区域尽量朝阳。进行建筑群体的布置时，充分利用地形和绿化等条件，可以提高基地的自然通风效果。

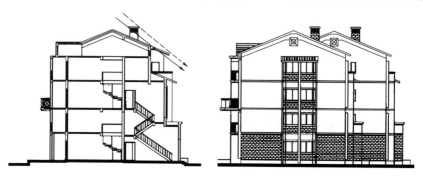

图 1.10　利用日照间距设计

2）建筑周围的建设环境

（1）建筑周围的外部环境条件

建筑周围的外部环境条件包括区域位置状况、周围的道路交通状况、市政条件、相邻环境状况及附近已有的一些城市特殊元素，这些建设现状是用地条件的重要组成部分，对建筑场地设计起着制约作用，设计时应充分重视。

相邻环境状况直接影响建筑场地设计，建筑物能否与环境形成良好的协调关系，关键在于是否能处理好与周围临近建筑的关系。一般情况下，建筑场地设计时采用与相邻环境的布局模式、基本形态以及其他环境要素相同的处理办法；建筑周围的道路交通状况、市政条件，是影响场地分区、场地出入口设置和建筑物主要朝向的重要因素。

另外，基地周围还可能存在一些不利条件，比如噪声源、污染源等，这时在建筑总平面设计时则应针对这些不利条件采取一些措施，减弱或降低其干扰。

（2）建筑场地的内部环境条件

建筑场地的内部环境包括场地原有的建筑物、原有的公共服务、基础设施以及场地中的文物古迹的状况等。这些场地内原有的建筑条件，如果具有一定的规模，状态良好或具有一定的历史价值，应尽量采取保留、保护、利用或与新建筑相结合的方法，达到与整体环境的和谐依存。

3. 建筑与场地的关系

解决建筑与场地的关系，其目的就是解决场地总体布局，任务与内容如图 1.11 所示。

1）建筑场地的功能分析与场地分区

（1）建筑场地的功能分析

建筑场地的功能分析主要包括分析场地的使用功能特性，分析功能的组成内容，分析使用者的需求，这是建筑场地设计的基础。

如图 1.12（a）所示，分析场地的使用功能，是抓住主要建筑的功能特性，分析它的组成要求及其他内容之间的关系，分析使用者的组成情况及其心理、行为要求，明确场内各类使用状况及为之服务的各部分功能组成，使场地布置中具有合理的功能分区。

还应注意动、静分隔，妥善组织交通集散和人员分流，合理布置空间等。

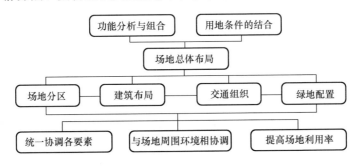

图1.11 场地总体布局的任务与内容

（2）场地分区

场地分区决定了场地组成内容的功能关系和空间位置关系，从而确定了用地格局的基本形态。一般场地分区遵循两条基本思路，一是从内容组织的要求出发，进行功能分区和组织，将性质相近、使用联系密切的内容归于一区；二是从基地利用的角度出发，进行用地划分，作为不同内容布置的用地，可将建筑用地划分为主体建筑用地、辅助建筑用地、广场、停车场及绿化庭园用地等。如图1.12（b）所示，该影剧院是根据主体建筑（影剧院）、广场及入口、售票、停车场、辅助建筑等内容进行分区的。

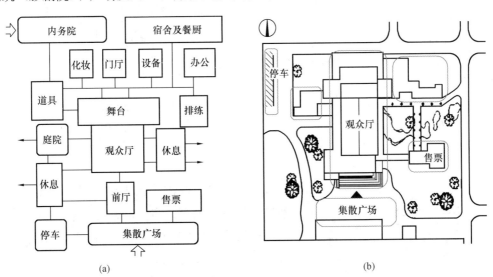

(a)

(b)

图1.12 某影剧院功能分析图及总平面图

（a）功能分析图 （b）总平面图

2）建筑在场地中的布置

（1）单体建筑在场地中的布局

在建筑场地设计中，如果要求在基地里安排一栋主体建筑（包括部分辅助用房），如高层写字楼、旅馆、商业建筑或综合体建筑，一般我们先根据建筑自身的要求或设计意图，结合用地条件来确定建筑物在基地中的位置，一般按以下几种方式布置：

①以建筑自身为核心，布置在场地中部

如图 1.13 所示，把建筑安排在场地的主要位置或中央，四周留出空间来布置庭院绿化、交通集散地等，形成以建筑物为核心，空间包围建筑的关系。这是一种突出建筑，以环境作为陪衬的布置形式。这种布置形式形成的特点是整体秩序较简明，主体建筑突出，视觉形象好，各部分用地区域大体相当、关系均衡、相对独立、互不干扰，有利于节约用地；但是其建筑形象单一，缺乏层次变化，空间关系单调。

② 建筑布置在场地的边侧或一角

在建筑物占地规模和总用地规模不大的情况下，将建筑物布置在场地中偏向某一侧的位置上，使剩余用地相对集中，便于安排场地内应布置的其他内容。以某建筑为例，如图 1.14 所示，在有限的用地中，建筑偏边侧布置，留出与城市道路邻接的用地来组织各种出入口空间。在有些场地中，建筑虽是主要功能，但是其占地较小，而与之相配的室外活动场地占地相对较大。为使该场地的布置合理，常将建筑物布置在场地一侧或一隅。

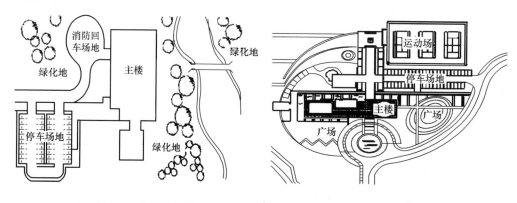

图 1.13 单体建筑布局
（以建筑为核心）

图 1.14 单体建筑布局
（建筑布置在边侧或一角）

（2）建筑群体在场地中的布局

建筑场地设计时，有时需要在建筑场地上同时安排若干个建筑物，如居民区、商业建筑、景观建筑等，多由功能相关的数幢单体组成，在设计时必须协调各建筑单体或不同体部之间及建筑与环境之间的关系。

① 建筑群体的空间布置

在建筑群体布置时，必须处理好建筑与空间之间的关系。主要表现为：建筑与场地中的道路、广场、庭园和绿化等既有功能关系又有空间形态关系，设计时应分析各种关系进行布局。建筑群体在场地中的布局一般有如下两种基本方式：

a. 以空间为核心，建筑围合空间。如图 1.15 所示，在场地整体空间组织中，对于几幢性质相近、功能相当的建筑，常以空间为核心、建筑围合

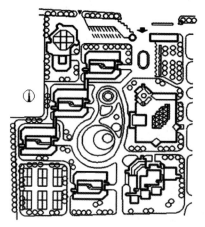

图 1.15 某建筑总平面图
（建筑围合空间）

空间的方式进行布局，即以建筑形体为界面，围合成封闭的内部结构。

b. 建筑与空间相互穿插。如图1.16所示，将建筑与其他内容分散布置，形成建筑与空间的相互穿插，即在开阔的空间中布置建筑，形成空间对建筑的包围，建筑融于环境中，建筑物与其他内容结合更为紧密、具体，场地的空间构成层次更丰富。

② 建筑群体的组织方式

由于建筑项目的性质、功能要求及场地特点等因素的差异，建筑

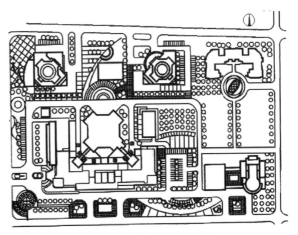

图1.16 某建筑总平面图
（建筑与空间相互穿插）

外部空间的组合方式呈多种多样。常用的可分为以下四种：

a. 对称式空间组合。对于对称式空间组合的建筑群而言，群体中的建筑物之间不存在严密的功能制约关系，可根据群体空间组合的需要进行布置。如图1.17所示，在设计中，一般是以建筑群体中主要建筑的轴线为中心轴线，或以连续几栋建筑的中心为轴线，两翼对称或基本对称布置，次要建筑、道路、绿化、建筑小品等布置在轴线两侧，形成对称式建筑群体组合；另一种方式是利用道路绿化、喷泉、建筑小品等形成中轴线，在轴线两侧均匀对称布置建筑群，从而形成比较开阔对称空间组合（图1.18）。其设计主要考虑如何结合地形而使建筑外形、外部空间保持完整、统一。

图1.17 万寿山中央建筑群立面上的轴线和几何对立关系（彩图6）

b. 自由式空间组合。自由式空间组合也可称为不对称式空间组合。设计中，主要根据功能要求布置各栋建筑，建筑群体中的各建筑物的位置、格局，随各种条件的不同，可自由、灵活地布局；同时，各建筑可随着地形曲直、弯转而立，随着环境的变异而融于大自然的怀抱（图1.19）。

c. 庭院式空间组合。如图1.20所示，由数栋建筑围合成一座院落或层层院落的空间组合形式，它能适应地形的起伏以及自然因素的隔离，又能满足各栋建筑功能要求，

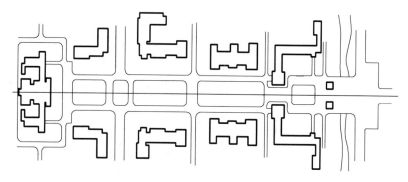

图 1.18　某大学中轴对称的校园空间

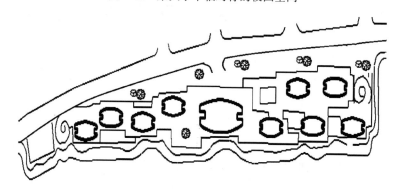

图 1.19　广州珠江帆影建筑群方案示意图

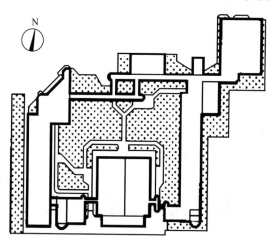

图 1.20　某度假山庄建筑群方案示意图

使之有一定隔离，又有一定的联系。该组合多借助于廊道、踏步、空花墙等小品来形成多个院落。庭院式空间组合在我国的古典园林设计中应用最为成功，且在现代建筑设计中，也有较多借用传统的造园手法，创造出优秀的庭院式空间。

d. 综合式空间组合。在一些功能要求比较复杂的建筑群、或因其他特殊要求、或因地段条件的差异，用单一组合方式无法满足要求，往往采用两种或两种以上的组合方式进行空间组合。

（3）建筑群体组合中的艺术性

对建筑形态及其空间形态的艺术处理是创造优美环境的重要手段。建筑环境中各部分的差异，反映了多样性和变化；各部分之间的联系，反映了和谐与秩序。建筑场地设计时，要合理选择建筑构图的基本原理，使各组成部分既有多样性，又有和谐秩序，组合为一个有机整体。

① 统一的手法

a. 主从原则。在总平面布局中，可以利用某一构成要素在功能、形态、位置上的优势，作为重点加以突出，控制整个空间，形成视觉中心，使其他部分处于从属地位，以达到主从分明，完整统一。

b. 秩序建构。利用轴线、向心、对位等手法，将场地中各设计要素之间形成相互依存、相互制约的关系，依次建立明确的秩序性，以达到统一的设计手段。

轴线统一：轴线在建筑布局中起到串联、控制、组织、建筑和暗示、引导空间的作用，建筑或其他环境要素可沿轴线布置，也可以在两侧布置。轴线是贯穿全局的纽带，其形式有：通过轴线转折达到统一，通过轴线对称达到统一。以轴线统一建筑群体，通常可以采用起始—过渡—高潮—结束的建筑空间序列格局。

向心统一：如图 1.21 所示，在建筑群体组合中，把建筑物绕某个中心来布置，并借建筑物的形体而形成一个向心空间，那么中心周围的建筑会由此呈现出一种收敛、内聚和相互吸引的关系，从而得到统一。

对位统一：如图 1.22 所示，相邻建筑单体的位置之间呈平行或垂直或一定的几何关系，可以增强建筑物彼此之间的联系，使空间成为有机整体。

重复与渐变：如图 1.23 所示，同一形体或要素按照一定规律重复出现，或将该要素作连续、近似变化，即相近形体有秩序的排列，可以以其类似性和连续性的特点，形成统一格局。

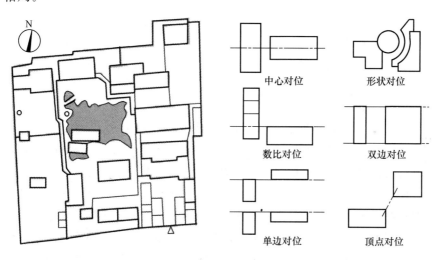

图 1.21　网师园平面图（向心统一）　　　　图 1.22　对位统一的常用方式

c. 材料、形式的统一。在同一园林中的各类型园林建筑单体与园林建筑小品在园内制作的材料保持统一，以完整传达园林建筑的整体性。颐和园的园林建筑都是按照当时《清代营造则例》规定的法式建造的具有很强烈的民族色彩，使得其园林建筑在形制保持一致，这样就从形式上的统一来传达整体园林设计规划的完整性，有助于表达皇家园林宏伟、庄重、严肃的皇家气度。

② 对比的手法

对比的手法是建筑群体设计的另一个重要的手段，常见的对比包括大小、方向、虚实、明暗、色彩、形状等，通过对比可以打破单调、沉闷和呆板的感觉，突出主体建筑空间而使群体富于变化。

图 1.23　某游船码头设计的鸟瞰图（重复与渐变）

　　a. 大小的对比。在建筑构图中常用一个较大体量的建筑物与若干小建筑物进行对比，突出主体建筑，强调重点。

　　b. 方向对比。建筑物空间组合和立面处理上，常常采用垂直与水平方向的对比以丰富建筑形象。这种对比手法的运用既可以采用建筑的垂直体型与横向展开的体型做对比，来表现建筑设计上不同方向的夸张也可以让植物的垂直生长方向与建筑的横向伸展作对比。

　　c. 虚实对比。如图 1.24 所示，为扬州个园（冬景）南面高墙上有 24 个风音洞，后面的巷风袭来，时而发出呼啸之声，同时也是墙面化实为虚，形成对比。虚实的对比是园林艺术设计手法上常用的手段。对于园林建筑自身而言，虚所指的是空间，实所指的是形体。对园林建筑的形象而言，虚的部分指门窗空洞及透空的廊，实的部分指建筑中的墙体。挂落、漏窗是介于虚实之间是个虚实过渡空间。在园林建筑的设计上为了求得对比，虚实的对比设计尽量避免平分秋色，应力求使得一方占据主导地位。虚实空间的转换对比运用手段很灵活，不仅在组合建筑的空间设计上采用墙面、漏窗、空廊等相互对比的虚实手法，也可以为了打破单面实墙体的单调，加以空廊或者质地的处理，以虚实对比的手法来打破墙体的沉重与闭塞。

　　d. 明暗对比。采用明暗对比的视觉反差来吸引人们把注意力转向美妙的景观。在利用明暗对比的手法上，园林建筑多半以暗托明，明的空间往往成为艺术表现的重点或兴趣中心。中国传统园林设计上常利用天然或者人工洞穴造成暗空间作为联系建筑物的通道，并以衬托

图 1.24　虚实对比示意图

洞外明亮的空间,通过一明一暗的强烈对比,视觉上产生奇妙的艺术感觉。

e. 色彩对比。如彩图5,中国古典园林建筑喜欢用浓烈的色彩对比带来强烈的视觉冲击力。如:红柱与绿栏杆,黄屋顶与红墙、白台基的对比。

f. 形状的对比。形状对比主要体现在平面、立面上的形式区别。从视觉心理上,规矩方正的单体建筑容易产生庄严的气氛;而比较自由的形式则易形成活泼的氛围。在中国古典园林中主人日常生活工作的庭院多半用规矩方正的形式,来表现士大夫刚正不阿、严谨的形象,而转入园林中专供游玩的后花园时则多采用自由式。这样的形式对比可以突出主人不同的心理暗示,增强艺术情趣。

③ 均衡的运用

园林建筑设计在立面、平面布局、形体组合中都要注意均衡手法的运用。建筑物的均衡,关键在于确定均衡中心。均衡分静态均衡与动态均衡,前者主要指在静力状态下的体量;后者指依靠运动来求得瞬间平衡的形态,如鸟的飞翔、动物的跑跳、浪涛等,在建筑设计中指形态在静态中具有运动的趋势产生的动态均衡的心理(图1.25)。

在建筑设计中,由于构图上的对称与非对称又可分为对称均衡和不对称的均衡。

a. 对称均衡。建筑物对称轴线两旁是完全一样的,只要强调均衡中心的主建筑就会给人安定庄严的均衡感。

图1.25 代代木体育馆(海浪与漩涡)

b. 不对称的均衡。如图1.26所示,要在均衡中心上加以强调,比如一个远离均衡中心的次要小物体可以用靠近均衡中心大物体来加以平衡。不均衡的设计给人以活泼的感受。

④ 韵律的运用

a. 连续韵律。是指在建筑构图中由于一种或几种组合连续排列而产生的韵律。韵律的设计手法可以采用距离相等、形式相同的设计,如柱列;也可以采用不同形式交替出现的设计手法,如江南私家园林中的长窗与短窗。

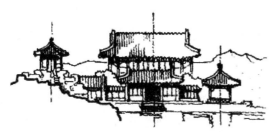

图1.26 承德避暑山庄烟雨楼(不对称均衡)

b. **渐变韵律**。在建筑构图中,其变化规则在某一方面作递增和递减。如园林中的塔。

c. **交错韵律**。建筑构图中,各组成部分有规律地纵横穿插或交错产生韵律。

d. **起伏韵律**。如彩图8所示,建筑构图中，某一种或者几种构图要素按一定规律时而增加时而减小，如波浪起伏或具备不规则的节奏感。

3）道路交通的布置

在建筑场地设计中，道路交通系统的布置是总体布置的重要部分之一，它直接影响着场地内各块地的使用功能，同时也影响场地内各项内容的布置安排。在场地中交通组织的基本内容包括两方面，一是道路流线体系的确定，二是停车组织方式的确定。

（1）道路布置

① 道路布置的基本要求

a. 满足使用功能的要求。道路布置时要考虑满足各种交通运输要求（如货物运输、消防、人流疏散等条件下的车行）。

b. 建立完整的道路系统。在总平面设计中，道路必须满足方便、安全和快速的要求，同时也要满足用地环境的清洁、宁静、生动、美观的要求，因此在道路布置中要做到道路功能清晰、系统分明，组成一个合理的交通运输系统。

c. 明确道路性质，区分道路功能，划分为交通性质道路和生活性质道路，设计时满足各自特点。

d. 考虑环境和景观的要求。根据场地性质和环境要求，道路布置与场地景观环境密切结合，要在场地内为主要的景观环境设置好必要的观赏点，保证景点和观赏点之间的视觉联系。

② 场地道路的组织

场地道路的组织应根据场地的地形状况、现状条件、周围交通情况以及交通功能要求等因素综合考虑。

a. 场地道路系统的基本形式。场地道路系统根据不同的交通组织方式可以分为三种基本形式：人车分流的道路系统、人车混行的道路系统、人车部分分流的道路系统。其中人车分流的道路系统适应于人流、车流都较大的场地；人车混行的道路系统适应于场地内仅设一套人行、车行共享的道路系统；人车部分分流的道路能灵活地解决场地内的交通问题。

b. 场地道路布局的基本形式。场地道路布局按与建筑物的联系形式分为：环状式、尽端式和综合式三类，如图1.27（a）所示。在其具体布局上，主要考虑满足车辆调头的需要。如图1.27（b）所示，其模式可分为："L"型、"T"型、"O"型。

（2）场地停车系统的组织

① 停车场的类型

停车场按其在场地中的存在形式分为地面停车场、组合式停车场（将停车场与建筑等其他内容组合综合考虑）、多层停车场三类。

② 停车场的布置方式

场地停车可以采用集中或分散的布置方式。集中式停车场适应于场地规模适中、用地条件适宜、停车量不是很大的情况。分散式停车场则是把停车场分散布置在场地中，使场地布置复杂化，但是适应性大，有弹性，在停车量大或基地条件较为特殊时适用。

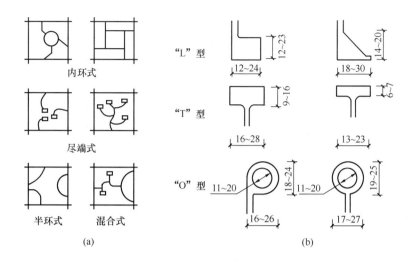

图 1.27　场地道路布局示意图

（a）场地道路形式；（b）回车场模式

注：回车场图上下限值适于小型汽车（最小半径 5.5m），上限值适于大型汽车（最小半径 10m）。

根据汽车纵轴线与通道的夹角关系，停车场内车辆停放方式可分为垂直式、斜列式（与通道成 30°、45°、60°角停放）、平行式三种，如图 1.28 所示。

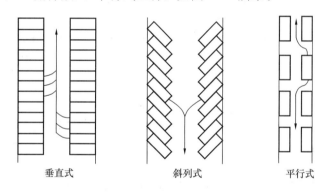

图 1.28　停车场形式示意图

③ 停车场的位置确定

确定停车场在场地中的位置要考虑它与场地出入口、与建筑物及建筑入口的关系，其原则上应靠近主体建筑。

4）环境绿化

环境绿化可以净化空气、美化环境、改善环境气候和质量，因此在建筑总平面设计中，应根据建筑群的性质和要求进行绿化设计。

（1）绿地的基本形式

确定绿地在场地中的存在形式是总体布局阶段绿地配置的中心任务。如图 1.29 所示，从形态的基本特征来看，场地中的绿地可以归结为三种基本类型：第一种是边缘性的绿地，如一些边角用地、道路两侧边缘等形式的绿地；第二是小面积的独立绿地，指一些小规模的绿化景园设施；第三种是具有一定规模的集中绿地。这三种绿地中边缘绿地是绿地配置的基础形式，一般用它作为绿化的背景，其适应强，场地中大多数绿地以边缘绿地的形式存在；独立形式的绿地规模较小，布置起来具有很大的灵活性，使点缀环境、丰富场地景观的一种有效方式；集中式绿地是场地绿地配置最有利的形式，可以充分发挥绿地的多重功能。在设计中如果场地允许，这三种形式往往结合起来使用，共同构成场地的整体绿地系统。

（2）绿地的规模

在确定绿地在场地中的占地规模时，既要考虑自身的用地要求，又要考虑其他内容用地之间的相互平衡。同时，场地绿地指标应符合当地城市规划部门的有关规定。

（3）绿地设计原则

场地中，其绿地的设计主要需要注意绿地的功能性，如划分空间、限定空间、围合空间的作用；限制行人、遮挡视线的作用；阻隔噪声、风沙及冷空气的作用；遮挡烈日的作用；室内外空间过渡的作用。在满足功能性的基础上，注意艺术性，体现其观赏价值。

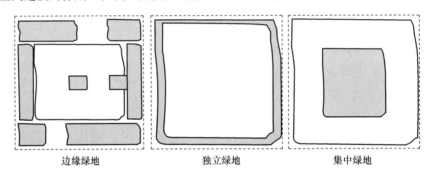

边缘绿地　　　　　　独立绿地　　　　　　集中绿地

图 1.29　绿地的三种基本类型

二、设计实例

实例 1

1. 设计条件

某平坦场地如图 1.30 所示，南面及东面为已建成的办公楼及住宅，开发商拟在用地内兴建别墅和景观建筑，规划主管部门对用地要求如下：

（1）建筑控制线：西面和北面后退用地红线 5m，东面和南面后退用地红线 3m。

（2）距小河中心线 5m 范围内，距古亭四边 8m 范围内不能作为建筑用地。

（3）当地日照间距：景观建筑 1：1.2，别墅 1：1.7，不考虑古亭日照间距。

2. 任务要求

（1）在用地平面图上，绘出拟建别墅和景观建筑的最大可建范围，并注明尺寸。

（2）景观建筑可建范围用 ▨ 表示，别墅可建范围用 ▨ 表示，两者均可建者，斜线叠加。

3. 参考图样见图 1.31

（1）根据任务要求，西面和北面后退用地红线 5m，东面和南面后退用地红线 3m 绘制建筑控制线；

（2）其用地红线内部，距小河中心线 5m，距古亭四边 8m 绘制用地边界，并与前

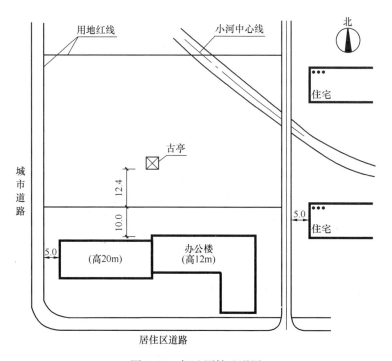

图 1.30　场地原始地形图

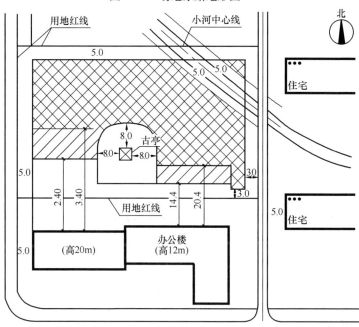

图 1.31　场地中建筑用地范围示意图

面的建筑控制线闭合。

（3）根据景观建筑日照间距 1：1.2 计算得建筑间距：

$$L_1 = 20 \times 1.2 = 24.0\text{m} \qquad L_2 = 12 \times 1.2 = 14.4\text{m}$$

根据别墅日照间距 1：1.7 计算得建筑间距：

$$L_1 = 20 \times 1.7 = 34.0\text{m} \qquad L_2 = 12 \times 1.7 = 20.4\text{m}$$

于是可以分别绘制出景观建筑和别墅的用地范围。

实例 2

1. 设计条件

（1）如图 1.32 所示，在城市道路西侧有山丘一座，并于临河、山腰及山顶形成三块台地。

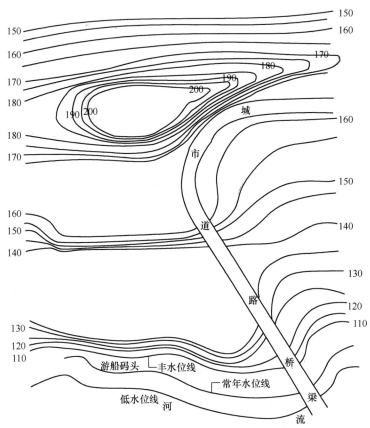

图 1.32　场地原始地形图

（2）山下有河，河上有桥。

2. 任务要求

（1）根据已知建筑单体：纪念阁（地下室内有给水池）、纪念碑、碑廊、塑像、服务部等，布置一组纪念建筑群，如图 1.33 所示。

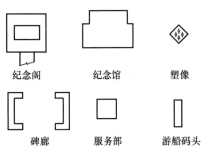

纪念阁　　　纪念馆　　　塑像

碑廊　　　服务部　　　游船码头

图 1.33　拟建建筑平面示意图

（2）根据地形和设计意图可加绘蹬道、广场、道路（尺寸及形状自定）。

（3）设计主入口一处，从城市道路西侧引入，并在其附近布置可容纳 20 辆小轿车以上的停车场一座（车位尺寸按 3m×6m）计算，车道宽 7m，采用垂直停车方式。

（4）根据已知游船码头尺寸，水位线和参观路线，确定码头的位置。

（5）标注主要场地设计标高三处（碑廊外地面、纪念阁平台、纪念馆外广场）。

（6）尽量不破坏自然地形，保持原有环境。

（7）应考虑建筑群的景观效果。

3. 参考图样见图 1.34。

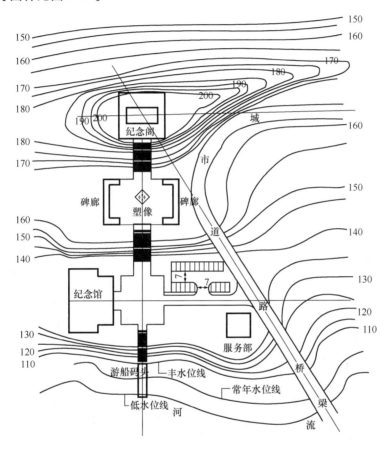

图 1.34 场地平面布置示意图

三、职业活动训练——某景观项目的场地设计

1. 承担设计任务

根据"那里·新城休闲绿地景观设计"项目所提供设计条件，设计要求进行该景观建设项目的场地设计。

园林建筑场地设计是整个园林景观设计中除园林建筑单体设计外所有的设计活动，即总平面规划设计。这一般包括交通设施、绿化景观设施、场地竖向、工程设施等的初步设计及详细设计（施工图绘制），这些都是场地设计的直接工作内容。本次设计主要解决园林建筑场地的初步设计，其详细设计在园林工程设计中学习。

在实际的设计流程中，一般首先是业主确定一个建设项目，并取得了相应的用地，然后再委托设计师来完成设计，设计师是在业主所提出的设计任务和基地的具体条件的基础上开始工作的。一般来说，设计者在进行具体的设计之前还要做细化和完善设计任务的工作，包括详细配置项目的组成内容，并对这些内容的规模、形式等一些有关的问题做出较为明确的规定，同时要与业主相协商，以取得一致的意见。

2. 研究和分析

场地分析是收集、整理和分析给定场地的现状环境、自然条件、规划要求等条件，从而为场地设计做好基础工作。

场地条件主要包括自然环境、人工环境和社会环境等。自然环境包括场地的地形地貌、水文地质情况、气象条件等；人工环境包括四周的建筑物、构筑物分布情况，周边道路、管线消防等设施设备；社会环境体现在历史环境、文化环境以及社区小环境等。这些条件对场地的规划、设计起到至关重要的作用，在熟悉设计任务书后，应对场地的现状条件有一定的了解，对于要求保护的历史文化古迹、建筑物、构筑物和绿化等设施，要针对具体情况，充分合理地加以利用并有机地组织到总平面图的规划设计中。

场地分析主要从建筑与城市规划的关系、建筑与周围环境的关系、建筑与场地的关系等方面入手。在分析的时候，我们把各种因素考虑在内，但是并非所有的因素在设计中都必须加以考虑，在设计中要剔除一些没用的要素，同时一些新的要素会涌现出来，这些要素可能是我们疏漏的或者是我们认为没用的要素。在前一阶段被剔除的要素可能在新的阶段中会再次出现，这是我们必须要注意的问题。

3. 园林建筑场地设计

根据建筑场地设计的相关要求，其园林建筑场地设计需要提供的设计成果图纸包括：①区域位置图（模拟项目可不作要求）；②总平面图（初步设计深度）；③竖向布置图（初步设计深度）；④功能分析图。

其图纸设计的具体要求、内容参照该项目的设计任务书。

项目二 园林建筑初步设计

 学习目标：

通过本项目的学习和实训，掌握建筑平面的功能分析和平面组合设计、建筑物各部分高度的确定和剖面设计、建筑物体型组合和立面设计。

 能力标准：

根据建筑场地设计成果及相关资料完成单体园林建筑——茶室的初步设计。

一、应知部分

一幢建筑物的平、立、剖面图是建筑物在不同方向的外形及剖切面的正投影，这几个面之间是有机联系的。建筑设计就是将二维的平、立、剖面图综合在一起，用来表达三维空间的相互关系和整体效果。

1. 建筑平面的功能分析和平面组合设计

平面图是建筑物各层的水平剖切图，是从各层标高以上大约直立的人眼的高度，将建筑物水平剖切后朝下看所得的该层的水平投影图，既表示建筑物在水平方向各部分之间的组合关系，又反映各建筑空间与围合它们的垂直构件之间的相互关系。

从空间的使用性质来分析，建筑平面主要可以归纳为使用和交通联系两部分。使用部分指满足主要使用功能和辅助使用功能的那部分空间。例如住宅中的起居室、卧室等起主要功能作用的空间和卫生间、厨房等起次要功能作用的空间，工业厂房中的生产车间等起主要功能作用的空间和仓库、更衣室、办公室等起次要功能作用的空间；交通联系部分指专门用来连通建筑物的各使用部分的那部分空间。例如许多建筑物的门厅、过厅、走道、楼梯、电梯等。

如图 1.35 所示，建筑的使用部分、交通联系部分、构件部分各自面积占的比例是衡量建筑物的技术指标。

1）建筑物使用部分的平面设计

建筑物内部使用部分的平面面积和空间形状的主要依据是满足使用功能的需求。平面面积包括需使用的设备及家具所需占用的空间及人在该空间中进行相关活动所需的面积，如图 1.36 所示，营业厅室内家具近旁必要尺寸；空间形状的设计要考虑该空间中设备和家具的数量以及布置方式，使用者在该空间中的活动方式及采光、通风及热工、视听、消防等方面的综合要求。如图 1.37 所示，是某教室的平面示意图，为了满足良好的视听要求，必须满足教室第一排座位距黑板的距离≥2.00m；后排距黑板的距离不宜大于 8.50m；为避免学生过于斜视，水平视角应≥30 度。

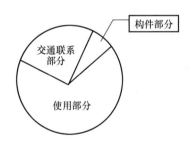
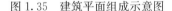
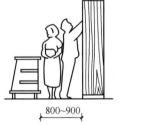

图 1.35　建筑平面组成示意图　　　图 1.36　营业厅中家具近旁必要尺寸

建筑的内部空间，需注意窗在房间中的布置，以组织好室内穿堂风，实际工作中，可根据风力的大小，采取适当的形式，从平面布局（图 1.38）和立面（图 1.39）组织好穿堂风，既要不影响生活、工作，又要起到好的空气流通效果。

房间中门的设置应注意门的数量及开启方式，一般来说，当房间的使用人数超过 50 人，面积超过 60m² 时，至少需要设置两个门；门的位置及开启方式应便于室内家具布置及适应房间组合需要，方向不影响交通，便于安全疏散。如图 1.40 所示，当房间门紧靠在一起时，应防止门相互碰撞。

对于建筑物使用部分的辅助用房，其平面的面积和形状设计方法也与起主要功能作用的房间类似，可以按照辅助用房中设备所需空间和人类活动所需空间大小、人的活动

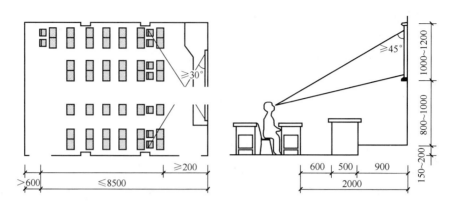

图 1.37 教室的视线要求与平面尺寸、空间形状的关系

方式以及其他相应的综合要求来确定其平面的面积和形状。

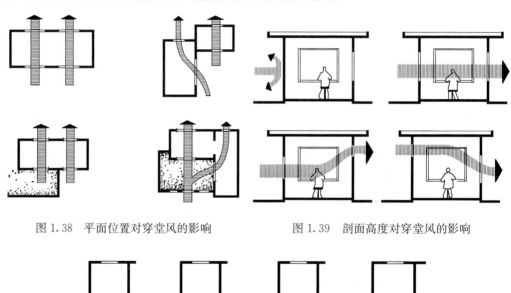

图 1.38 平面位置对穿堂风的影响　　　　图 1.39 剖面高度对穿堂风的影响

图 1.40 门的开启方向对房间使用的影响
(a) 不正确；(b) 不正确；(c) 不正确；(d) 正确

　　如图 1.41 所示，卫生间、盥洗室的设计，主要应考虑卫生间洁具数量，卫生间洁具基本单元的布置设计。在卫生间的布局中还应该注意处理好公共建筑卫生间的隐蔽性。

　　2) 建筑物交通联系部分的平面设计

　　建筑物的各个使用部分，需要通过交通联系部分加以连通。建筑物交通联系部分包括建筑物中大量使用的交通联系部分走道；建筑物的主要出入口，起着内外过渡、集散人流作用的门厅；过厅一般位于体型较复杂的建筑物各分段的连接处或建筑物内部某些人流或物流的集中交汇处，起到缓冲的作用；建筑物中起垂直交通枢纽作用的楼梯和

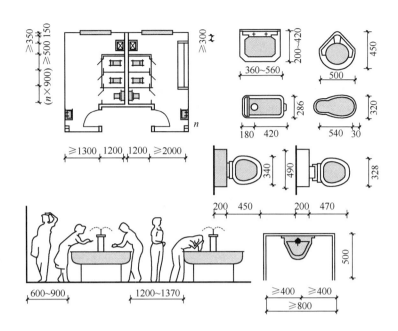

图 1.41 辅助房间的组合平面尺寸示意图

电梯。

建筑物交通联系部分的平面面积和空间形状的主要依据是满足使用高峰时段人流、货流通过所需占用的安全尺度；符合紧急情况下规范所规定的疏散要求；方便各使用空间之间的联系；满足采光、通风等方面的需要。

（1）走道

走道的布置方式根据使用空间可以分列于走道的一侧、双侧或尽端，走道宽度应符合人流、货流通畅和消防安全的要求。

通常单股人流的通行宽度为 550～600mm。因考虑到两人并列行走或迎面交叉，因此过道净宽度不得小于 1100mm。对于有大量人流通过的走道，其宽度根据使用情况，相关规范都做出了下限的要求。例如民用建筑中中小学的设计规范中规定，当走道为内廊，也就是两侧均有使用房间的情况下，其净宽度不得小于 2100mm；而当走道为外廊，也就是单侧连接使用房间，并为开敞式明廊时，其净宽度不得小于 1800mm。

有些建筑物必须满足无障碍设计的要求，在进行设计时，相关的无障碍设计规范也是重要的设计依据。如图 1.42 所示，可以说明满足轮椅使用者的要求对走道尺度的影响。

走道的长度对消防疏散的影响最大，直接影响火灾时紧急疏散人员所需要的时间。因此，设计中应注意走道长度设计与建筑物的耐火等级的关系。根据《建筑设计防火规范》GB 50016—2006 的要求，其安全疏散距离如表 1.1 所示。

走道的形状、走向在很大程度上决定了建筑内部的交通组织，从而也决定了建筑物的平面形状，有关

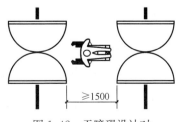

图 1.42 无障碍设计对
走道尺度的影响

这方面的内容，在建筑平面组合设计中再作陈述。

（2）门厅和过厅

根据门厅和过厅的作用、功能，在设计应该注意以下方面：

① 导向性要明确，使用者在门厅或过厅中应能很容易发现其所希望到达的通道、出入口或楼梯、电梯等部位，而且能够很容易选择和判断通往这些处所的路线，使行进中较少受到干扰。如图 1.43 所示，为某旅馆的底层门厅，从平面布局可以看出，旅客一进门就能较容易地发现总台和咖啡厅的位置，办理完手续后，转身可以轻松发现电梯厅的位置，其交通路线较为明确。

表 1.1 安全疏散距离

	房门至外部出口或封闭楼梯间的最大距离					
	位于两个外部出口或楼梯之间的房间			位于袋形走道两侧或尽端的房间		
	耐火等级			耐火等级		
	一、二级	三级	四级	一、二级	三级	四级
托儿所、幼儿园	25	20		20	15	
医院、疗养院	35	30		20	15	
学校	35	30		22	20	
其他民用建筑	40	35	25	22	20	15

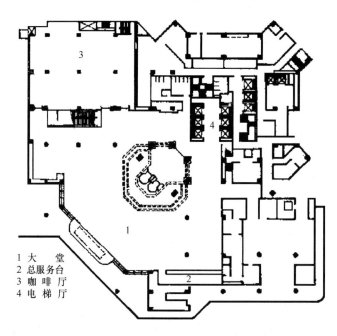

3

4

1

1 大　堂
2 总服务台
3 咖啡厅
4 电梯厅

2

图 1.43　某旅馆底层门厅

② 兼有其他用途时，仍应将供交通的部分明确区分开来，不要同其他功能部分互相干扰，同时有效地组织其交通的流线。特别是用作交通部分的面积和用作通行部分的宽度，都应该根据该建筑物人流集中时所需要的尺度来进行设计，以保证紧急情况下疏散的安全。

③ 作为设计中的关节点，门厅和过厅的内部空间组织和所形成的体形、体量，往往可以成为建筑物设计中的活跃的元素，或者是复杂建筑物形态中的关节点。如图 1.44 所示，该大型商厦的门厅被处理为具有整个建筑高度的中庭，上面覆盖采光天窗，四周环绕多层购物空间，使得视线通透，光线充足，形成良好的内部空间环境。

（3）楼梯和电梯

楼梯和电梯是建筑中起垂直交通枢纽作用的重要部分，在设计中，一般需要注意以下两个方面：

① 个数、容量和平面分布图

楼、电梯在日常使用中，应能快速、方便地到达各使用层面；楼、电梯应靠近建筑物各层平面人流或货流的主要出

图 1.44　某商业建筑门厅中庭透视

入口布置；其数量和分布需综合建筑物的使用性质、各层人数和消防分区等因素来确定。

② 使用的安全

应按各类建筑的设计规范中对于楼梯间的设置及其构造要求来设计。一般应该满足以下要求：

a. 楼梯的数量、位置和楼梯间形式应满足使用方便和安全疏散的要求。

b. 楼梯梯段宽度除应符合防火规范的规定外，供日常主要交通用的楼梯的梯段宽度应根据建筑物使用特征，按每股人流为 0.55＋（0～0.15）m 的人流股数确定，并不应少于两股人流。

c. 梯段改变方向时，扶手转向端处的平台最小宽度不应小于梯段宽度，并不得小于 1.20m，当有搬运大型物件需要时应适量加宽。

d. 每个梯段的踏步不应超过 18 级，亦不应少于 3 级。

e. 楼梯平台上部及下部过道处的净高不应小于 2m，梯段净高不应小于 2.20m。

f. 楼梯应至少于一侧设扶手，楼段净宽达 3 股人流时应两侧设扶手，达 4 股人流时宜加设中间扶手。

g. 室内楼梯扶手高度自踏步前缘线量起不应小于 0.90m。靠楼梯井一侧水平扶手长度超过 0.50m 时，其高度不应小于 1.05m。

3）建筑平面的组合设计

建筑平面组合设计是根据建筑各个组成部分的特点和功能关系，考虑建筑技术和经济要求，结合基地环境和其他条件，将平面各组成部分有机地结合起来，形成一个使用方便、结构合理，造价经济且与环境协调的建筑。

（1）建筑物使用部分的功能分区

分析是进行任何设计的第一步，针对建筑设计而言，就是指在熟悉建筑内部各类房间使用特点的基础上，对建筑内部各使用空间的功能关系进行分析、整合研究，最终以图解的方式进行表达，形成概念性草图的过程。功能分析中有三个核心问题需要把握：

① 各使用空间的使用要求。指单一使用空间在朝向、采光、通风、隔声、私密性和联系等方面的要求。

② 各使用空间的功能关系。包括两部分含义，从小的方面讲，是指两个或多个单一空间之间存在的先后关系、主次关系、分隔与联系、闹与静关系等；从大的方面讲，是指三种建筑空间（主要使用空间、辅助使用空间和交通枢纽空间）之间的先后关系、主次关系、分隔与联系。

③ 功能分析的过程与结果的表达。功能分析的过程需要通过图示语言的方式来表达，其最终成果也要通过图示语言的方式表达。图示语言是指用图形符号（点、线、图形等）而不是用语言文字来表达建筑各使用空间的功能关系的一种表达方式。

建筑功能分析的表达方法一般采用框图分析法，就是将建筑的各使用空间名称用圆框或方框圈定，再用不同的线型、线宽加上箭头联系起来，表示出各个使用空间联系的性质、频繁程度和方向。此外，还可在框图内加上图例和色彩，表示出闹静、内外、分隔等要求。

简单的功能分析框线图又称为气泡图，如图 1.45（a）所示，即采用圆形气泡这个抽象符号表示房间，用线表示它们之间的关系。这种功能分析图一是将概念转化成图示语言，有利于设计者用视觉语言进行思维，二是初步表明了房间之间的关系网络。

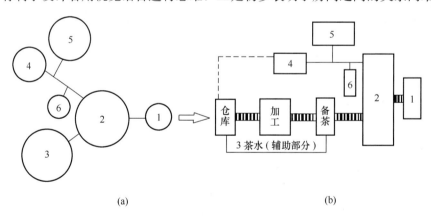

图 1.45　某茶室功能分析图

（a）功能分析气泡图 （b）功能分析框图

1—门厅；2—营业厅；3—茶水（辅助部分）；4—管理办公室；5—会议室；6—厕所

功能分析框图在气泡图的基础上进一步调整各功能房间的相互位置，使关系流线更简洁清楚，同时还需要进一步标明各房间的大小及其相互关系的强度和方向，以进一步搞清诸房间之间关系紧密程度与秩序排列。它比气泡图在功能分析上更接近建筑设计的表达方式。强度（重要的流线或次要的流线）可以通过线的粗细表达，粗线表示房间关系密切，细线表示房间关系薄弱，而箭头表示房间的序列关系，如图图 1.45（b）

所示。

功能分区的原则为：

① 分区明确，联系方便，并按主次、内外、闹静关系合理安排，使其各得其所。

② 根据实际需求（使用要求）按人流活动的顺序关系安排位置。

③ 空间组合划分时以主要使用空间为核心，次要使用空间的安排要有利于主要空间功能的发挥。

④ 对外联系的空间要靠近交通枢纽，内部使用空间要相对隐蔽。

⑤ 空间的联系与分隔要在深入分析的基础上恰当处理。

建筑的使用功能对平面组合具有决定性的影响，设计时根据功能要求，合理分区，妥善解决平面各组成部分之间的相互关系，安排各房间的相对位置。功能分区时应兼顾其他的可能性，尤其建筑的结构传力系统的布置。

（2）建筑物各部分的使用顺序和交通路线组织

对于人流和物流流线的合理组织，其主要原则是保证使用的方便和安全。建筑物的主要入口门厅和各个次要入口布置应该考虑迎向人流和物流的主要来源或有利于它们之间的分流，在建筑物内部，各使用部分的分布应该尽量使得使用频率较高的房间靠近主要入口。

特别是对人流和物流流线的要求较高，使用空间应按一定顺序排列，在功能分析应侧重流线安排。如图1.46所示，为某游船码头的平面组合示意图，在功能分析时，根据使用要求按人流活动的顺序关系安排位置。

（3）建筑物的平面组合方式

在对建筑物各使用部分进行功能分区和流线组织分析后，交通联系的方式及其相应的布置和安排成为实现目标的关键，一般来说，建筑的平面组合有如下几种：

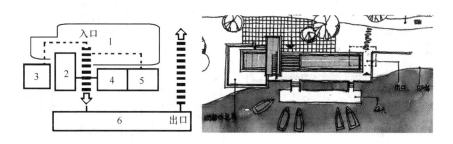

图1.46　为某游船码头的平面组合示意图

1—集散广场；2—售票室；3—休息观景亭；4—管理办公室；5—厕所；6—码头

① 并联式组合。主要是通过走道来联系各个房间，其最大特点是使用空间与交通联系空间明确分开，这样就可以保证各使用房间的安静和不受干扰。当一幢建筑包含的使用空间具有数量多、房间相似和重复的特点时就可以采用这种组合方式，如宿舍、办公楼、学校教学楼、医院等建筑。

由于使用要求、地区气候条件的不同，走道式建筑又可分为内廊式和外廊式（包括单外廊和双外廊）。

内廊式是沿走道两边均安排使用房间，这种组合方式的优点是走道使用率高，交通面积省，保温节能好，比较经济；其缺点是部分房间的朝向差，通风、采光条件相对也较差。内廊式组合较适合于北方建筑。

单外廊是沿走道一侧安排使用房间，这种组合方式的优点是大部分房间可以取得好的朝向，房间的采光通风条件也较好。其缺点是走廊使用率低，交通面积所占比例大，建筑热稳定性差，不利于保温节能，经济性差；双外廊是沿房间两侧均设置外走廊，这种方式常出现在南方低纬度地区，在这些地区通风、隔热、遮阳是建筑设计主要考虑的因素之一。

走道式组合见图 1.47，该建筑房间沿走道两侧布置；部分房间沿走道一两侧布置。整个建筑综合运用了内廊和外廊两种布局形式，这样可使房间避免西晒。

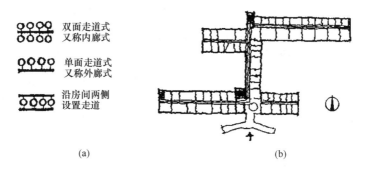

图 1.47　并联式式组合

(a) 走道式组合分析简图；(b) 某建筑平面组合

② 串联式组合。各使用空间按一定的顺序一个接着一个互相串通，首尾相连，从而连接成整体。这种空间组合形式的各个使用空间直接相通，不仅关系紧密并且具有明确的先后继承性和连续性，较适合于陈列馆一类的建筑。串联式组合见图 1.48。

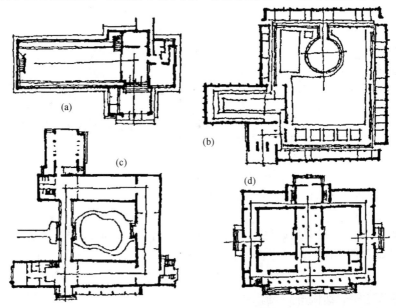

图 1.48　串联式组合的基本形式

(a) "—" 形；(b) "]" 形；(c) "□" 形；(d) "□□" 形

③ 混合式组合。由于建筑的复杂性和多样性，除少数建筑由于功能比较单一而只需要采用一种类型的空间组合形式外，绝大多数建筑都必须采用两种或两种以上类型的空间组合形式。但在使用混合式组合时一定要注意，必须突出某一种空间组合类型，以防空间组合混杂，不分主次，影响建筑的空间艺术性。例如某艺术活动中心如图 1.49 所示，建筑各使用房间首先是围绕一个中庭空间进行布置，在画室部分又采用了走廊式空间组合方式，主次分明，脉络清晰。

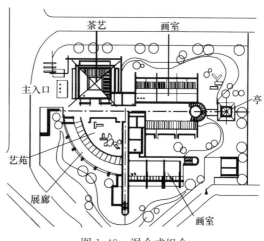

图 1.49　混合式组合

2. 建筑物各部分高度的确定和剖面设计

多数建筑物不是按一层建造的，建筑物的各部分除了在水平方向有明确的组合关系外，在垂直方向也存在一定的组合关系。因此许多建筑在进行平面功能分析的同时，应进行竖向功能分析，即按各层要求进行合理的分区，并确立建筑物确定房间的剖面形状、建筑各部分高度及建筑物的层数、建筑剖面组合、建筑空间利用等内容。

在建筑设计中，需要进行对建筑剖面的研究，即在建筑适当的部位将建筑物从上至下垂直剖切开来，令其内部的结构得以暴露，得到该剖切面的正投影图，就是剖面图，以便设计人员能够通过它对其建筑物高度、层数、竖向组合等诸多问题进行直观的研究。

1）建筑物各部分高度的确定

建筑物的标高系统往往采用的是相对标高系统，即将建筑物底层室内某指定地面的高度定为 ±0.000，单位是米（m），高于这个标高的为正标高，反之则为负标高。需要指出的是，建筑设计人员获得的基地红线图及土质、水文等资料所标注的都是绝对标高，在设计时涉及建筑物的各部分都应当换算为相对标高进行标注，以免混淆。

建筑物各组成部分高度的确定主要应考虑该部分的使用高度、结构高度和有关设备所占用的高度。

（1）家具、设备的安置和使用高度

和建筑平面设计一样，建筑的竖向设计中也应考虑家具、设备的高度以及使用所需要的空间尺度。如图 1.50 所示，跳台高度加上运动员起跳高度和安全附加量就成为跳台处建筑净高的控制高度。

图 1.50　某室内游泳馆跳台

（2）房间剖面形状

房间剖面形状有矩形和非矩形两类。大多数民用建筑都采用矩形，因为矩形剖面简单、整齐，便于竖向空间组合，结构简单，施工方便，造价低；非矩形剖面用于一些有特殊使用要求或采用特殊结构形式的建筑，如图 1.51 所示，教学楼的阶梯教室、影剧院的观众厅、体育馆的比赛大厅等，为满足一定的视线要求，其地面应有一定的坡度，如图 1.52 所示，其空间顶部还应进行声线分析，以确定空间的剖面形状。

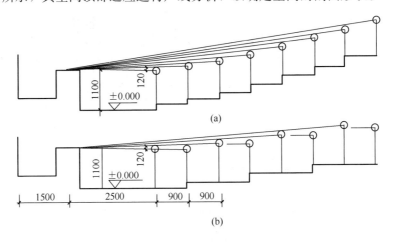

图 1.51　阶梯教室地面升高示意图

（a）每排升高 120mm；（b）每两排升高 120mm

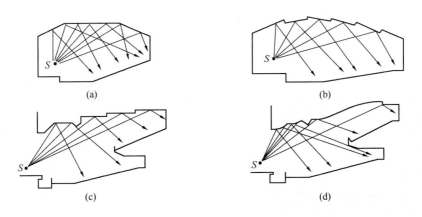

图 1.52　剧院顶棚处理示意图

（3）满足生理、心理要求的其他标准

人在建筑物内部活动，往往需要良好的空气流通和充足的自然光线，如窗在房间中的布置，除了需要满足通风的要求，还应该有良好的采光，如图 1.53 所示，采光方式与进深的关系，其单侧采光进深≤窗上口至地面距离的 2 倍，双侧采光：进深≤窗上口至地面距离的 4 倍。

室内空间比例不同，会给使用者带来不同心理感受。大而高的建筑空间会让人产生庄严、博大、宏伟的感受；小而低的建筑空间使人亲切、宁静；宽而低的建筑空间使人觉得开阔；窄而高的建筑空间给人向上、激昂的感受。一般来说，面积大的房间宜相应

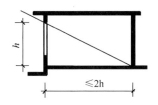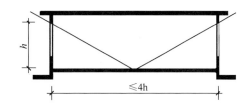

图 1.53　采光方式与进深的关系

高一些，面积小的房间可适当低一些，但在考虑建筑的空间时，不要盲目追求"高大宽敞"，过高的空间会消耗大量的能源。

总之，只有综合考虑以上各个因素，充分权衡利弊，才能正确确定建筑物各部分的合适高度。

2）建筑物层数和总高度的确定

建筑物的总高度是指建筑物室外地面到建筑物屋面、檐口或女儿墙的高度。影响确定建筑物层数和总高度的因素很多，大致有以下几种：

（1）城市规划的要求

城市规划对建筑高度控制建筑高度不应危害公共空间安全、卫生和景观，下列地区应实行建筑高度控制：

① 对建筑高度有特别要求的地区，应按城市规划要求控制建筑高度。

② 沿城市道路的建筑物，应根据道路的宽度控制建筑裙楼和建筑主体的高度。

如图 1.54 所示，沿路一般建筑的控制高度（H）不得超过道路规划红线宽度（W）与建筑后退距离（S）之和的 1.5 倍。

即：
$$H(W+S) \times 1.5 \qquad (1.2)$$

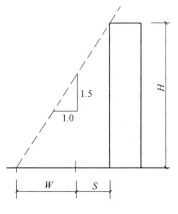

③ 机场、电台、电信、微波通信、气象台、卫星地面站、军事要塞工程等周围的建筑，当其处在各种技术作业控制区范围内时，应按净空要求控制建筑高度。

图 1.54　沿路建筑物的高度
控制示意图

④ 当建筑处在国家或地方公布的各级历史文化名城、历史文化保护区、文物保护单位和风景名胜区等保护规划区内。

（2）建筑物的使用性质

由于建筑用途不同，使用对象不同，往往对建筑层数也有不同的要求。如幼儿园，疗养院，养老院等建筑，使用者活动能力有限，且要求与户外联系紧密，因此，建筑层数不应太多，一般以 1～3 层为宜。

（3）选用的建筑结构类型和建筑材料

不同的建筑结构类型和材料有不同的适用性，对建筑层数的确定也有影响。

（4）城市消防能力的影响

建筑防火规范等规定直接影响建筑物的用地规划、设备配置、平面布局、经济指标，从而也就成为在确定建筑物的层数和总高度不可忽略的因素。

3）建筑剖面的组合方式和空间的利用

（1）建筑剖面的组合方式

建筑物各个部分在垂直方向尽量做到结构布置合理，有效利用空间，建筑体型美观。一般情况下可以将使用性质近似、高度又相同的部分放在同一层内。空旷的大空间尽量设在建筑顶层，避免放在底层形成"下柔上刚"的结构或是放在中间层造成结构刚度的突变。此外，利用楼梯等垂直交通枢纽或过厅、连廊等来连接不同层高或不同高度的建筑段落，既可以解决垂直的交通联系，又可以丰富建筑体型，是建筑设计中常用的手法。以下将具体介绍几种剖面的组合方式：

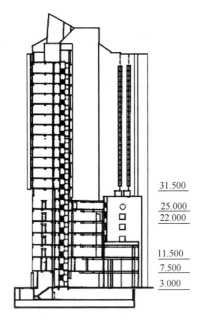

① 分层式组合。将使用功能联系紧密而且高度一样的空间组合在同一层。如图1.55所示，许多高层建筑下面几层的层高和使用功能都与上部的主体部分不同，下部往往被用作商业用途，而上部用作多为居住、办公等用途。

② 分段式组合。在同一层中将不同标高的空间分段组合，而且在垂直方向重复这样的组合，相当于在结构的每一个分段可以进行较为简单的叠加。如建筑中的错层设计，见图1.56。

（2）建筑空间的有效利用

在建筑占地面积和平面布局基本不变且不影响正常使用的条件下，充分利用建筑物内部的空间，来扩大使用面积，改善室内空间比例，丰富室内空间效果。

图 1.55　分层式组合示意图

① 夹层空间的利用。如图1.57所示，在公共建筑中的营业厅、体育馆、影剧院、候机楼等，由于功能要求其主体空间与辅助空间的面积和层高不一致，通常采用在大空间周围布置夹层的方式，以达到利用空间及丰富室内空间的效果。

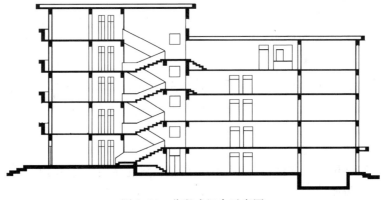

图 1.56　分段式组合示意图

② 楼梯间空间的利用。一般民用建筑楼梯间底层休息平台下至少有半层高，可作为布置贮藏室、辅助用房以及室内外出入口之用。楼梯间顶层有一层半的空间高度，可以利用部分空间布置贮藏空间。有些建筑房间内设有小型楼梯，可利用梯段下部空间布置家具等，如图 1.58 所示。

图 1.57　夹层空间的利用

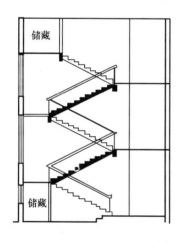

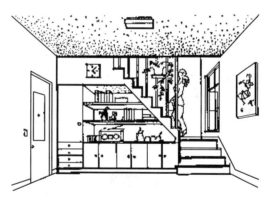

图 1.58　楼梯间空间的利用

③ 如图 1.59 所示，坡屋顶的空间利用。

3. 建筑物体型组合和立面设计

建筑体型是指建筑的轮廓形状，它反映建筑物总的体量大小、组合方式以及比例尺度等。

1）基本要求

（1）符合基地环境和总体规划的要求

建筑单体是基地建筑群体中的一个局部，其体量、风格、形式等都应该顾及周围的建筑环境和自然环境，在总体规划所策划的范

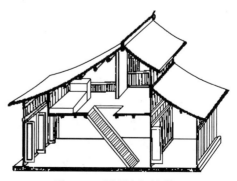

图 1.59　屋顶空间的利用

围内做文章。建筑基地的地形、地质、气候、方位、朝向、形状、大小、道路、绿化以及原有建筑群的关系等，都对建筑外部形象有极大影响。如彩图9，"流水别墅"以一种非常独特的方式实现了建筑与自然高度结合，是20世纪建筑园地中一株十分突出的奇葩。

（2）符合建筑功能的需要和建筑类型的特征

不同使用功能要求的建筑类型，具有不同的空间尺度及内部空间组合特征。房屋外部形象应反映建筑内部空间的组合特点，美观问题须紧密地结合功能要求。

（3）合理运用某些视觉和构图的规律

建筑物的体形和立面既然要给人以美的享受，就应该讲究构图的章法，遵循某些视觉的规律和美学的原则，如节奏、韵律、比例、均衡等。

（4）符合建筑所选用结构系统的特点及技术的可能性

每种结构体系，都有其固有的力学特征，而且选用的建筑材料也各不相同。建筑体型及立面设计必然在很大程度上受到物质技术条件的制约，并反映出结构、材料和施工的特点。并且，不同的施工方法对建筑造型具有一定的影响。

（5）掌握相应的设计标准和经济指标

设计人员应该掌握适度设计的原则，在满足相关规范、标准的基础上，充分发挥智慧和创造力，争取投资和建筑效果的最佳结合。

2）建筑体型的设计

（1）对称式组合

建筑有明显的中轴线，主体部分位于中轴线上，主要用于庄重、肃穆的建筑，例如政府机关、法院、博物馆、纪念堂等（图1.60）。

图1.60　某历史博物馆使用对称式组合的建筑体型

（2）非对称式组合

在水平方向通过拉伸、错位、转折等手法，形成非对称的建筑形体。在不同体量或形状的体块之间可以互相咬合或采用连接体连接；需要讲究形状、体量的对比或重复及连接处的处理；同时应该注意形成视觉中心。这种布局方式容易适应不同的基地地形，还能适应多方位的视角。下面介绍几个实例：

如图1.61所示，该建筑物似有明显插入体，像楔子一样结合各分部，并形成视觉中心。

如图 1.62 所示，建筑的造型，以圆形为母题，起到协调和活跃整体的效果。

如图 1.63 所示，形象思维法在建筑造型中合理地应用，让人在体验建筑的形体美的同时，感受了深层次的文化内涵。

（3）在垂直方向通过切割、加减等方法来使建筑物获得类似"雕塑"的效果

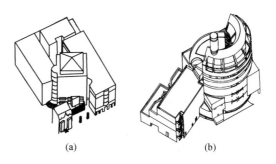

(a)　　　　　　　　(b)

图 1.61　建筑用插入体契合各个段落

(a) 某建筑在段落间插入旋转 45°的立方体；

(b) 某建筑物用圆柱形的体块统一各段落

在设计时，往往需要按层分段进行平面的调整。这种体型设计常用于高层和超高层的建筑以及一些需要在地面以上利用室外空间或者需要采顶光的建筑（图 1.64）。

图 1.62　母题造型使建筑物协调、活跃

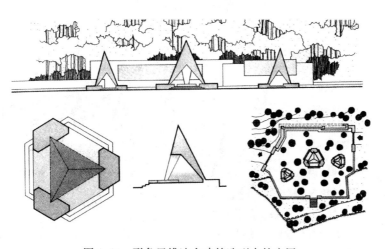

图 1.63　形象思维法在建筑造型中的应用

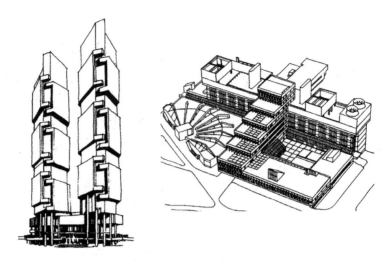

图 1.64　建筑在垂直方向对体型进行切割、加减处理

（a）切割的应用使建筑有强烈的雕塑感；（b）利用加减进行退台处理增加艺术性

3）建筑立面的设计

建筑立面是指建筑的门窗组织、比例与尺度、入口及细部处理、装饰与色彩等。

（1）注重尺度和比例的协调性

① 自然的尺度

以人体大小来度量建筑物的实际大小，从而给人的印象与建筑物真实大小一致，常用于住宅、办公楼、学校等建筑。

② 夸张的尺度

运用夸张的手法给人以超过真实大小的尺度感。常用于纪念性建筑或大型公共建筑，以表现庄严、雄伟的气氛，如图 1.65 所示。

③ 亲切的尺度

以较小的尺度获得小于真实的感觉，从而给人以亲切宜人的尺度感，常用来创造小巧、亲切、舒适的气氛，如图 1.66 所示的庭园建筑。

（2）立面的线条处理

① 任何线条本身都具有一种特殊的表现力和多种造型的功能。

图 1.65　建筑夸张尺度的艺术体现图

图 1.66　建筑亲切尺度的艺术体现

② 建筑立面通过各种线条在位置、粗细、长短、方向、曲直、疏密、繁简、凹凸等方面的变化而形成千姿百态的优美形象。如图 1.67 所示，是建筑设计中横线条运用实例；如图 1.68 所示，竖线条运用实例，都具有强烈的艺术感染力。

图 1.67　建筑立面构图中横线条运用　　　　图 1.68　建筑立面构图中竖线条运用

（3）掌握虚实的对比和变化

建筑设计中，处理立面虚实与凹凸的几种方法如下：

① 充分利用功能和结构要求巧妙地处理虚实关系，可以获得轻巧生动、坚实有力的外观形象。

② 以虚为主、虚多实少的处理手法能获得轻巧、开朗的效果，常用于高层建筑、剧院门厅、餐厅、车站、商店等大量人流聚集的建筑。

③ 以实为主、实多虚少能产生稳定、庄严、雄伟的效果，常用于纪念性建筑及重要的公共建筑，如图 1.69 所示。

④ 通过建筑外立面凹凸关系的处理可以加强光影变化，增强建筑物的体积感，达到丰富立面的效果，如图 1.70 所示。

（4）注意材料的色彩和质感

① 立面色彩设计主要通过材料色彩的变化，使其相互衬托与对比来增强建筑的表现力，见彩图 10。

② 不同的色彩具有不同的表现力，运用不同色彩的处理，可以表现出不同建筑的性格、地方特点及民族风格。

③ 立面设计中常常利用不同质感材料的处理来增强建筑物的表现力。运用不同材料质感的对比容易获得生动的效果。

（5）立面的重点与细部处理

① 在建筑物某些局部位置通过对比手法进行重点和细部处理，可以突出主体，打破单调感。

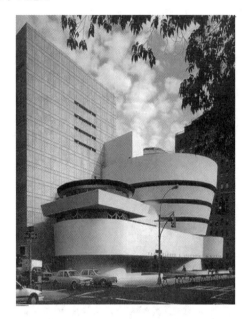

图 1.69　建筑外立面实虚关系

图 1.70　建筑外立面凹凸关系

图 1.71　建筑造型特征处理

a. 建筑物主要出入口及楼梯间的重点处理。

b. 建筑造型有特征的部分处理，如图 1.71 所示。

c. 反映该建筑性格的重要部位的处理。

② 建筑细部处理必须从整体出发，接近人体的细部应充分发挥材料色泽、纹理、质感和光泽度的美感作用。对于位置较高的细部，一般应着重于总体轮廓和色彩、线条等大效果，而不宜刻画得过于细腻。

造型和立面是建筑相互联系不可分割的两个方面，在建筑设计中，可以说体型是建筑的雏形，而立面设计则是建筑体型的进一步深化，因此，只有将两者作为一个有机的整体统一考虑才能获得完美的建筑形象。

二、设计实例

实例 1

1. 设计条件

（1）场地条件，茶室建筑选址如图 1.72 所示。

（2）茶室建筑用地面积自定，层数 1～3 层，层高自定，茶室客流量可按中小规模

平均 120 人/天设计

（3）茶室建筑要求除具有品茶、赏景、会客等功能外，还应考虑具有会议室、快餐厅、小卖部、厕所等。

（4）建筑用线均退道路红线 5m。

2. 任务要求：

1）根据上述要求，对该茶室建筑进行平面设计（方案草图设计）。

2）图幅及表达方式自选，具体内容如下：

（1）组合平面示意图。要用气泡功能分析图、框图表示出整体茶室建筑平面组合分析的过程。

（2）标准层平面图（只绘制主营业厅）。

3. 参考图样见图 1.73、图 1.74、图 1.75、图 1.76。

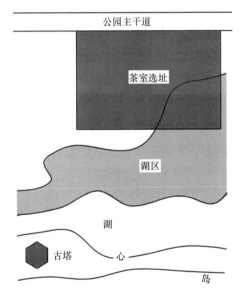

图 1.72　基地及选址示意图

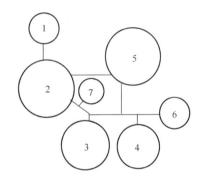

1　前　厅　　5　辅助部分
2　主营业厅　6　办公室
3　餐　厅　　7　厕　所
4　会议室

图 1.73　气泡功能分析图

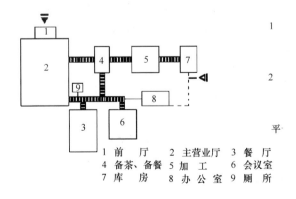

1　前　厅　　2　主营业厅　3　餐　厅
4　备茶、备餐　5　加　工　6　会议室
7　库　房　8　办公室　9　厕　所

图 1.74　框图功能分析图

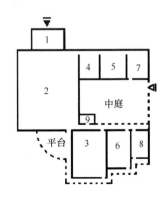

图 1.75　组合平面示意图

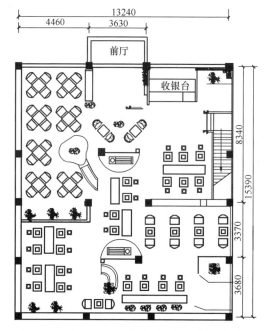

图 1.76　主营业厅标准层平面图（初步设计）

实例 2

1. 设计条件

（1）已建高层建筑与城市道路间为建设用地，其断面及尺寸如图 1.77 所示。

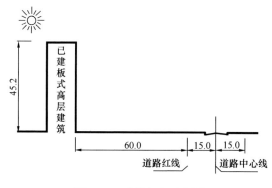

图 1.77　建筑竖向示意图

（2）已建高层建筑位于场地南侧。

（3）拟建建筑高 45m，其中 10m 高以下为商场（退道路红线 5m），10～25m 为办公，25～45m 为住宅（均退道路红线 17m）。

（4）城市规划要求沿街建筑高度不得超过以道路中心为原点的 45 度控制线。

（5）住宅应考虑当地 1∶1 的日照间距（从楼面算起）。

（6）与已建高层建筑应满足消防间距要求。

2. 任务要求

（1）根据上述要求，做出场地最大可开发范围断面，住宅用 ▨ 表示；办公用 ▥ 表示；商场用 ▤ 表示。

（2）在图上注出与已建建筑以及道路红线之间的有关间距及高度的尺寸。

3. 参考图样见图 1.78

三、职业活动训练——园林建筑（茶室）初步设计

1. 承担设计任务

根据"那里·新城休闲绿地景观设计"项目中所提供设计条件、设计要求、已完成的建筑场地设计图纸资料，进行该项目中单体建筑茶室的初步设计。

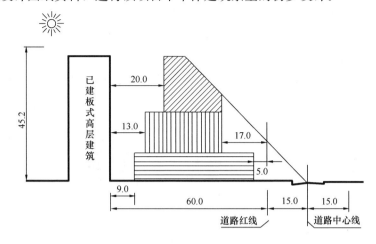

图 1.78　建筑竖向设计图

2. 研究和分析

（1）茶室组成及功能分析：茶室组成一般由室内外营业厅、备菜、洗涤、烧水间、简易制作间、小卖柜台、管理及值班室、贮藏室、顾客厕所以及工作人员厕所等，按不同规模和类型可作适当增减。

如图 1.79 所示，确定茶室组成后，即可分析各部分的功能关系，确定各个部分的位置和面积，并绘制功能分析示意图（图 1.80），然后根据功能分析示意图绘制建筑的概念性草图（单线），对于同一幢建筑可以提供多个方案比较，最后平面草图定案。

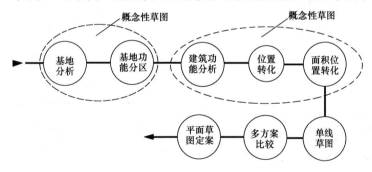

图 1.79　茶室建筑平面方案生成的过程示意

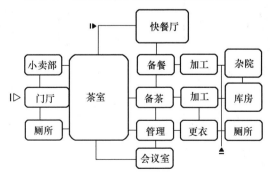

图 1.80　茶室功能分析组合示意图

（2）类型：民俗式茶室、戏曲茶室、综合型茶室、仿古式茶室、园林式茶室、室内庭院式茶室、现代式茶室。

（3）营业部分：营业厅的面积约以每座 1m² 计算，对雅间、会议室则应另行考虑；营业部分在设计中还需考虑主要家具、设施设备尺寸（图 1.81）与布置形式（图 1.82），在实际工作中，应该对所需要的家具、设施设备作细致的调查，然后考虑营业部分所需要的面积及形状。

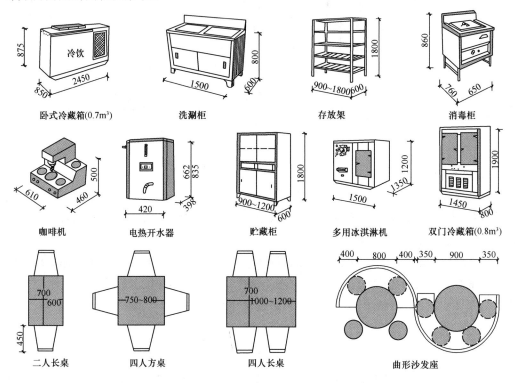

图 1.81　茶室常用家具尺寸及布置形式示意图

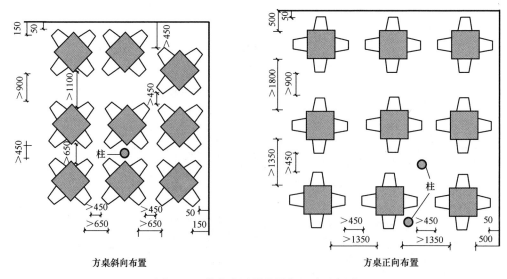

图 1.82　茶室常用设施设备尺寸示意图

（4）辅助部分：辅助部分要求隐蔽，不同的环境，注意其隐蔽辅助部分的方式，特别是针对营业部分的厕所。

（5）建筑造型处理：风格、体量与该项目的建筑总平面设计相适应。

3. 设计要求、内容及深度

初步设计：功能分区合理，平面组合恰当，使用方便，经济合理，造型美观，符合建筑设计规范要求和房屋建筑制图统一标准。

1）方案草图设计

方案草图设计以徒手单线绘制，图幅及表达方式自选。具体内容如下：

（1）标准层平面图（1∶100）

①确定房间的形状、尺寸、位置及其组合。房间内的设施设备，并且标注每间房间净面积及每套住宅户内的使用面积。

②确定门窗位置、大小（按比例画，不标尺寸）及门的开启方式和方向。

③楼梯应画出踏步、平台及上下行方向线，平面图还应表示储藏设施和阳台位置、深度尺寸。

④标注总尺寸、轴线尺寸及必要的尺寸。

⑤标出房间名称、剖切线、图名及比例。

（2）组合平面示意图（1∶5000）

要求：单线徒手绘图，外边线为粗实线，分界线为细实线。

（3）方案说明、技术经济指标：

方案说明的内容为方案特点，与方案有关的特殊结构、构造、材料或施工。

方法的说明，功能分区及平面组合的说明，技术经济指标等。

方案阶段的技术经济指标是评价住宅建筑设计的合理性、经济性以及进行方案评选的主要依据。

（4）剖面图（1～2个，比例1∶100或1∶150）

①单线徒手绘图，着重表达住宅建筑内部空间的尺度，如总高、层高、层面、室内与室外的关系等。

②标出各层标高、屋面标高和室外地坪标高。

③楼梯不画踏步，以斜线表示。

④标注图名及比例。

（5）组合立面图（1∶100或1∶150）

①外轮廓线画中粗实线，地平线画粗实线，其余均为细实线。

②窗应分扇，以单线表示。

③能画配影和阴影者，画出配影和阴影。

④立面图不标尺寸及做法。

⑤标注图名及比例（以茶室主要入口为正立面图）。

2）初步设计

初步设计是在上述方案草图的基础上进行，要求用工具画图，图幅自选，具体内容如下：

（1）标准层单元平面图（1∶100）：

①确定房间的形状、尺寸、位置及其组合。房间内应布置活动家具及固定设备，并且标注居室净面积及每套住宅户内使用面积。

②确定门窗位置、大小（按比例画，不标尺寸）及门的开启方式和方向，墙画双线，剖切部分以粗实线表示，窗洞以细实线表示。

③楼梯应画出踏步、平台及上下行方向线，平面图还应表示储藏设施和阳台位置、深度尺寸。

④标注各定位轴线编号和总尺寸、轴线尺寸及必要的尺寸。

⑤标出房间名称、剖切线、图名及比例。

（2）组合平面示意图（1∶500）

用单线工具绘图，组合外边线为粗实线，组合内分界线为细实线。

（3）技术经济指标及方案说明，与方案草图内容相同。

（4）剖面图（1∶100 或 1∶150）

①用工具绘图，着重表示住宅内部空间的尺寸，如总高、层高、层面、室内与室外的关系等。

②剖切部分的墙体轮廓画双粗实线，钢筋混凝土部分涂黑表示，门窗洞口用双细实线表示，未剖切部分的投影画细实线。

③活动的家具不画，只画固定设备。

④尽可能表示出结构构件的相互关系。

⑤标出各层标高、屋面标高和室外地坪标高。

⑥楼梯不画踏步，以斜线表示。

⑦标注剖面图的起止定位轴线编号。

⑧标注图名及比例。

（5）组合立面图（1∶100）

①外轮廓线画中粗实线，地坪线画粗实线，其余均为细实线。

②窗应分扇，以单线表示。

③阳台、楼梯间花格形式可以简化，但应全部画出。

④能画配景和阴影者，画出配景和阴影（选作）。

⑤立面图不标尺寸及做法。

⑥标注单元组合体两端轴线号，轴线号以整幢住宅为准。

⑦标注图名及比例，图名以起止轴线号表示，即○～○立面图表示。

单元二　建筑构造

项目一　墙体构造设计

 学习目标：

通过对墙体、楼地层、阳台与雨篷基本构造的学习，使学生掌握建筑平面图、墙体节点（包括墙角、窗台、窗上口、墙与楼板连接处等）详图的设计方法与步骤。

 能力标准：

能根据单元一项目二所完成的建筑初步设计图纸进行建筑平面施工图、墙体节点详图的设计与绘制。

一、应知部分

墙体是组成房屋建筑的六大部分之一，是建筑施工中的主体工程之一。在一般的砖混结构中，墙体的重量占建筑总重量的 40％～45％，其造价占工程总造价的30％～40％。

1. 墙体的作用、类型与设计要求

1）墙的作用

在不同结构类型的房屋建筑中，墙体处于不同的位置时，分别起着承重、围护和分隔作用。

（1）承重作用

即承受楼板、屋顶或梁传来的荷载及墙体自重、风荷载、地震荷载等。

（2）围护作用

即抵御自然界中风、雨、雪等的侵袭，防止太阳辐射、噪声的干扰，起到保温、隔热、隔声、防风、防水等作用。

（3）分隔作用

即把房屋内部划分为若干房间，以适应人的使用要求。

（4）装饰作用

即墙面装饰是建筑装饰的重要部分，墙面装饰对整个建筑物的装饰效果作用很大。

2）墙的类型

（1）按墙所处位置及方向分类

按墙所处位置分为外墙和内墙。外墙位于房屋的四周，能抵抗大气侵袭，保证内部空间舒适；内墙位于房屋内部，主要起分隔内部空间的作用。

按墙的方向又可分为纵墙和横墙。沿建筑物长轴方向布置的墙称为纵墙；沿建筑物短轴方向布置的墙称为横墙，房屋有内横墙和外横墙，外横墙通常叫山墙。墙的名称如图 2.1 所示。

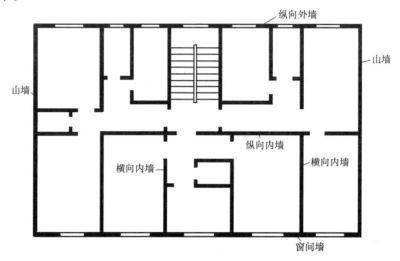

图 2.1　墙的名称

（2）按受力情况分类

在砌体结构建筑中墙按结构受力情况分为承重墙和非承重墙两种，承重墙直接承受楼板、屋顶传下来的荷载及水平风荷载及地震作用。非承重墙不承受外来荷载，它可以分为自承重墙和隔墙。自承重墙仅承受本身重力，并把自重传给基础；隔墙则把自重传给楼板层。在框架结构中，墙不承受外来荷载，自重由框架承受，墙仅起分隔作用，称为框架填充墙。

（3）按材料及构造方式分类

按构造方式可以分为实体墙、空体墙和组合墙三种。

实体墙由单一材料组成，如普通砖墙、实心砌块墙等；空体墙是由一材料砌成内部空腔，例如空斗砖墙，也可用具有孔洞的材料建造墙，如空心砌块墙、空心板材墙等；组合墙由两种以上材料组合而成。其构造形式如图 2.2 所示。

（4）按施工方法分类

按施工方法可分为块材墙、板筑墙及板材墙三种。

块材墙是用砂浆等胶结材料将砖石块材等组砌而成；板筑墙是在现场立模板，现浇而成的墙体，例如现浇混凝土墙等；板材墙是预先制成墙板，施工时安装而成的墙，例如预制混凝土大板墙、各种轻质条板内隔墙等。

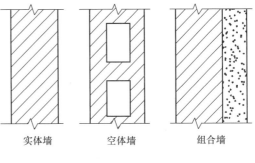

图 2.2　墙体构造形式

实体墙　　　　空体墙　　　　组合墙

3）墙体的设计要求

（1）满足强度和稳定性要求。墙的强度取决于砌墙所用的材料的强度和墙体厚度。墙的稳定性与墙的长度、高度和厚度有关。结合提高强度和稳定性两个方面，常采用增设圈梁、墙垛、壁柱和构造柱等措施。

（2）满足热工要求。为适应夏热冬冷的气候变化，要求墙体有良好的隔热保温性能，以保证室内具有良好的气温条件和卫生环境。墙体隔热保温的共同特点是防止空气渗透和热量传递，又要有良好的通风效果。为此常采用以下措施：一是选用导热系数小的保温材料（$\lambda \leqslant 0.23$）和增加墙厚尺寸；二是采用复合墙体，用多层材料组成，分别起到骨架、保温、反射、阻凝、饰面等作用；三是合理安排朝向，组织通风，增设遮阳板等。

（3）满足隔声要求。当声音强度小于 45dB（分贝）时，双面抹灰的半砖墙（120mm）即可达到隔声效果，但为了避免室外和相邻房间的噪声干扰，就需要增加墙体厚度；采用面密度大（重而密实）的隔声材料；采用设置空气间层或轻质间层的组合墙。同时，还应提高门窗的隔声能力。

（4）满足防火要求。墙体材料应符合防火规范的规定，较大型建筑应设置防火墙，将建筑划分成几段（每段长度一般不大于 100m），用以防止火灾的蔓延。

（5）满足抗震设防要求。防震抗震设防地区房屋应符合抗震规范的有关规定，采取相应措施，使墙体具备足够的防震抗震能力。

（6）合理选择墙体材料、减轻自重、降低造价

（7）适应工业化生产要求，按需要防水、防潮、防腐蚀等

2. 砖墙的构造

1）砖墙的材料

砖分为普通砖、多孔砖和空心砖三大类。普通砖是指孔洞率小于 15％ 或没有孔洞的砖；多孔砖指孔洞率大于等于 15％，孔的尺寸小而数量多的砖，常用于承重部位；空心砖指孔洞率大于等于 15％，孔的尺寸大而数量少的砖，常用于非承重部位。部分常用砖的规格尺寸如图 2.3 所示。

砖的强度由其抗压及抗折等因素确定，可分为 MU30、MU25、MU20、MU15、MU10 和 MU7.5 六个等级。

砌墙砂浆常用水泥砂浆、水泥石灰砂浆（混合砂浆）、石灰砂浆和黏土砂浆。

砌筑砂浆的强度等级是由它的抗压强度确定的，可分为 M15、M10、M7.5、

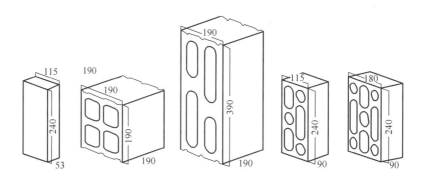

图 2.3　常用砖的规格尺寸

M5.0、M2.5、M1.0 和 M0.4 七个等级。

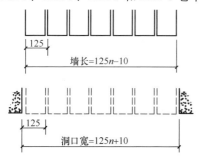

图 2.4　墙段的长度和洞口宽度

由于普通砖的尺寸不符合模数要求，在工程实践中，常用一个砖宽加一个灰缝（115mm＋10mm＝125mm）为尺寸基数确定各部分尺寸。墙段及洞口尺寸计算如图 2.4 所示。

2）砖墙的组砌

组砌是指砌块在砌体中的排列，组砌的关键是错缝搭接，使上下皮砖的垂直缝交错，保证砖墙的整体性。在砖墙的组砌中，把砖的长方向垂直于墙面砌筑的砖叫丁砖，把砖长方向平行于墙面砌筑的砖叫顺砖。上下皮之间的水平灰缝称横缝，左右两块砖之间的垂直缝称竖缝。要求丁砖和顺砖交替砌筑，灰浆饱满，横平竖直。图 2.5 为砖墙组砌名称及错缝；图 2.6 为标准砖砖墙的组砌方式。

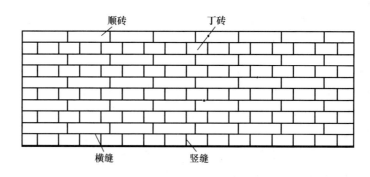

图 2.5　砖墙组砌名称及错缝

（1）墙厚

标准砖的规格为 240mm×115mm×53mm，用砖块的长、宽、高作为砖墙厚度的基数，在错缝或墙厚超过砖块尺寸时，均按灰缝 10mm 进行组砌。

从尺寸上不难看出，它以砖厚加灰缝、砖宽加灰缝后与砖长形成 1∶2∶4 的比例为其基本特征，组砌灵活。墙厚与砖规格的关系如图 2.7 所示。

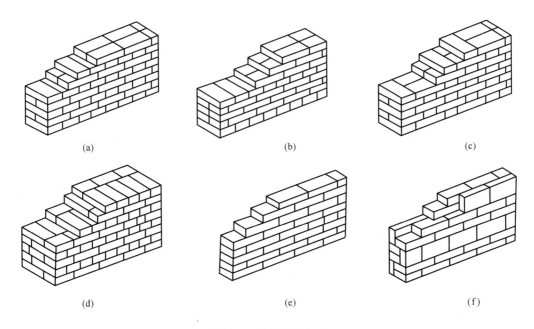

图 2.6 砖墙组砌方式

(a) 一顺一丁；(b) 三顺一丁；(c) 梅花丁；(d) 一砖半墙；(e) 半砖墙；(f) 3/4 砖墙

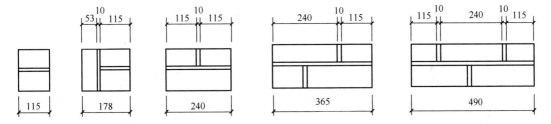

图 2.7 墙厚与砖规格的关系

（2）砖墙洞口与墙段尺寸

①洞口尺寸

砖墙洞口主要是指门窗洞口，其尺寸应按模数协调统一标准制定，这样可减少门窗规格，有利于工厂化生产。

②墙段尺寸

墙段尺寸是指窗间墙、转角墙等部位墙体的长度，墙段由砖块和灰缝组成。

在砖墙的组砌除了用普通砖，还常用多孔砖和空心砖，主要用于非承重墙的砌筑。因为多孔砖和空心砖有孔洞，故其自重较普通砖小，保温、隔热性能好，造价低。砌墙时，多用整砖顺砌法，即上下皮错开半砖。在砌转角、内外墙交接、壁柱和独立砖柱等部位时，都不需砍砖。

3）砖墙的细部构造

（1）防潮层

通常在勒脚部位设置连续的水平隔水层，称为墙身水平防潮层，简称防潮层。

防潮层的位置应在室内地面与室外地面之间，在地面垫层中部最为理想，如图 2.8 所示。

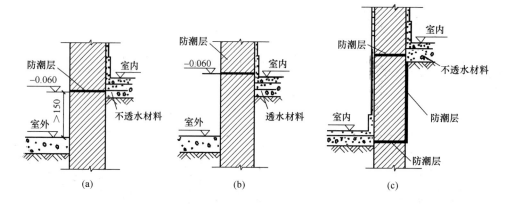

图 2.8　墙身防潮层的位置

（a）垫层不透水；（b）垫层透水；（c）室内地面有高差

防潮层的做法有：

①防水砂浆防潮层

20mm 厚的 1∶3 水泥砂浆加 5％防水剂拌合而成的防水砂浆；另一种是用防水砂浆砌筑 3～5 皮砖，如图 2.9 所示。

②卷材防潮层

在防潮层部位先抹 20mm 厚的砂浆找平层，然后干铺卷材一层，卷材的宽度应与墙厚一致或稍大些，卷材沿长度铺设，搭接长度大于等于 100mm，如图 2.10 所示。

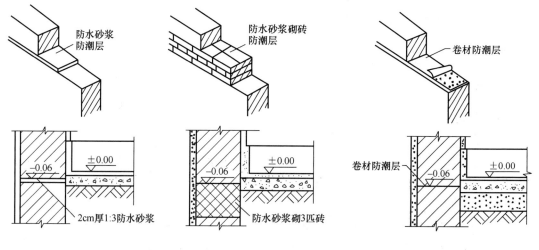

图 2.9　防水砂浆防潮层　　　　　图 2.10　卷材防潮层

③混凝土防潮层

即在室内外地面之间浇注一层厚 60mm 的混凝土防潮层，内放纵筋、分布筋的钢筋网，见图 2.11。

（2）勒脚

外墙墙身下部靠近室外地面的部分叫勒脚。勒脚具有保护外墙脚、防止机械碰伤、

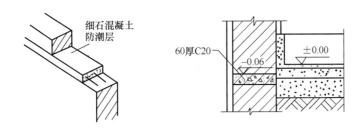

图 2.11 混凝土防潮层

防止雨水侵蚀而造成的墙体风化，并有美观等作用，常见勒脚的做法如图 2.12 所示。

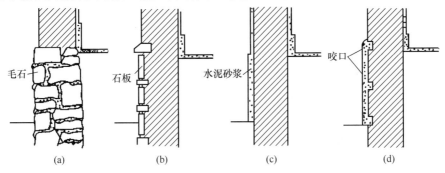

图 2.12 常见勒脚的做法
（a）毛石勒脚；（b）石板贴面勒脚；（c）抹灰勒脚；（d）带咬口抹灰勒脚

（3）明沟和散水

①明沟

又称阴沟，位于建筑物外墙的四周，其作用在于将通过雨水管流下的屋面雨水有组织地导向地下排水集井而流入下水道。

②散水

外地面靠近勒脚下部所做的排水坡称为散水，其作用是迅速排除从屋檐滴下的雨水，防止因积水渗入地基而造成建筑物的下沉。

明沟和散水的材料用混凝土现浇或用砖石等材料铺砌而成，如图 2.13 所示。

（4）窗台

外窗台有悬挑窗台和不悬挑窗台两种，如图 2.14 所示，窗台的构造要点是：

①悬挑窗台向外出挑 60mm。窗台长度最少每边应超过窗宽 120mm。

②窗台表面应作抹灰或贴面处理。

③窗台表面应做一定排水坡度（10% 左右），并注意抹灰与窗下槛的交接处理，防止雨水向室内渗入。

④挑窗台下应做滴水。

⑤混凝土窗台一般是现场浇筑而成。

（5）过梁

为了承受门窗洞口上部墙体的重力和楼盖传来的荷载，在门窗洞口上沿设置的梁称为过梁。过梁分砖砌过梁和钢筋混凝土过梁两类。其中砖砌过梁有砖砌平拱过梁和钢筋砖过梁两种，如图 2.15、图 2.16 所示；钢筋混凝土过梁有现浇和预制两种。

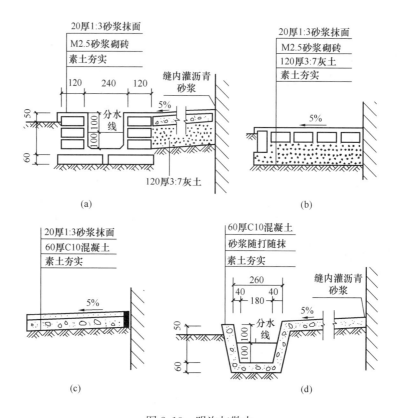

图 2.13 明沟与散水

（a）砖砌明沟；（b）砖铺散水；（c）混凝土明沟；（d）混凝土散水

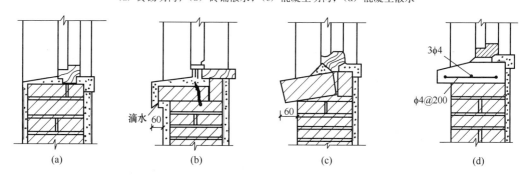

图 2.14 窗台

（a）不设悬挑窗台；（b）抹滴水的悬挑窗台；（c）侧砌砖窗台；（d）钢筋混凝土窗台

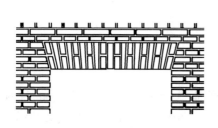

图 2.15 砖砌平拱过梁

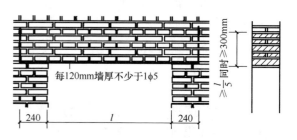

图 2.16 钢筋砖过梁

（6）圈梁

圈梁是沿房屋外墙、内纵墙和部分横墙在墙内设置的连续封闭的梁。它的作用是增加墙体的稳定性，加强房屋的空间刚度及整体性，防止由于基础的不均匀沉降、振动荷载等引起的墙体开裂，提高房屋抗震性能。

圈梁设置的位置和数量通常按房屋的类型、层数、所受的振动荷载以及地基情况等因素来决定。具体如下：

①空旷的单层房屋，应按下列规定设置圈梁：

a. 砖砌体房屋，檐口标高为 5～8m 时，应在檐口标高处设置圈梁一道；檐口标高大于 8m 时，应增加设置数量。

b. 砌块及料石砌体房屋，檐口标高为 4～5m 时，应在檐口标高处设置圈梁一道；檐口标高大于 5m 时，应增加设置数量。

c. 对有吊车或较大振动设备的单层工业房屋，除在檐口或窗顶标高处设置现浇钢筋混凝土圈梁外，尚应增加设置数量；但当振动设备已采取有效的隔振措施时，可不增设。

②多层砌体房屋，应按下列规定设置圈梁：

a. 多层砌体民用房屋，如宿舍、办公楼等，且层数为 3～4 层时，应在底层和檐口标高处设置圈梁一道；当层数超过 4 层时，至少应在所有纵、横墙上隔层设置。

b. 多层砌体工业房屋，应每层设置现浇钢筋混凝土圈梁。

c. 设置墙梁的多层砌体房屋应在托梁、墙梁顶面和檐口标高处设置现浇钢筋混凝土圈梁，其他楼盖处应在所有纵横墙上每层设置。

d. 采用现浇钢筋混凝土楼（屋）盖的多层砌体房屋，当层数超过 5 层时，除在檐口标高处设置一道圈梁外，可隔层设置圈梁，并与楼（屋）面板一起现浇。

③建筑在软弱地基或不均匀地基上的砌体房屋，应按下列规定设置圈梁：

a. 在多层房屋的基础和顶层檐口处各设置一道圈梁，其他各层可隔层设置；必要时也可层层设置。

b. 单层工业厂房、仓库等，可结合基础梁、连系梁、过梁等酌情设置。

c. 圈梁应设置在外墙、内纵墙和主要内横墙上。

d. 在墙体上开洞过大时，宜在开洞部位适当配筋和采用构造柱圈梁加强。

圈梁在构造方面应该满足以下要求：

①圈梁宜连续地设在同一水平面上，并形成封闭状。

②当圈梁被门窗洞口截断时，应在洞口上部增设相同截面的附加圈梁。如图 2.17 所示，附加圈梁与圈梁的搭接长度不应小于其垂直间距的 2 倍，且不得小于 1m。

③刚弹性和弹性方案房屋，圈梁应与屋架、大梁等构件可靠连接。

④钢筋混凝土圈梁的宽度宜与墙厚相同，当墙厚 $h \geqslant 240mm$ 时，其宽度不宜小于 (2/3) h。圈梁高度不应小于 120mm。

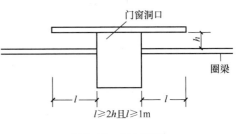

图 2.17　附加圈梁

纵向钢筋不应少于 4φ10，绑扎接头的搭接长度按受拉钢筋考虑，箍筋间距不应大于 300mm。

⑤由于预制混凝土楼（屋）盖普遍存在裂缝，许多地区采用现浇混凝土楼板。当采用现浇钢筋混凝土楼（屋）盖的多层砌体结构房屋的层数超过 5 层时，除在槽口标高处设置一道圈梁外，可隔层设置圈梁，并与楼（屋）面板一起现浇。未设置圈梁的楼面板嵌入墙内的长度不应小于 120mm，并沿墙长配置不少于 2φ10 的纵向钢筋。

⑥圈梁兼作过梁时，过梁部分的钢筋应按计算用量另行增配。

（7）构造柱

构造柱是设在墙体内的钢筋混凝土现浇柱，主要作用是与圈梁共同形成空间骨架，以增加房屋的整体刚度，提高抗震能力。

构造柱的设置要求见表 2.1 的规定。如图 2.18 所示，构造柱在施工时，应先砌墙并留马牙槎，随着墙体的上升，逐段浇注钢筋混凝土构造柱，构造柱混凝土强度等级一般为 C20。

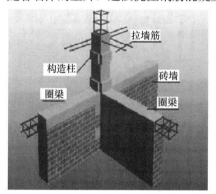
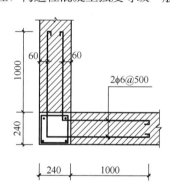

图 2.18　构造柱

表 2.1　砖房构造柱设置要求

房屋层数				设置部位	
6 度	7 度	8 度	9 度		
四、五	三、四	二、三		外墙四角和对应转角，错层部位横墙与纵墙交接处，楼、电梯四角，楼梯斜梯段上下端对应的墙体处	隔 12m 或单元横墙与外纵墙交接处，楼梯间对应的另一侧内横墙与外纵墙交接处
六	五	四	二		隔开间横墙（轴线）与外墙交接处，山墙与内纵墙交接处
七	≥六	≥五	≥三		内墙（轴线）与外墙交接处，内横墙局部较小墙垛处，内纵墙与横墙（轴线）交接处

构造柱在构造方面的要求：

①构造柱最小截面为 180mm×240mm，纵向钢筋宜用 4φ12，箍筋间距不大于 250mm，且在柱上下端宜适当加密。

②构造柱与墙连接处宜砌成马牙槎，并应沿墙高每 500mm 设 2φ6 拉结筋，每边伸入墙内不少于 1m。

③构造柱可不单独设基础，但应伸入室外地坪下 500mm，或锚入浅于 500mm 的基础梁内。

④施工时应先放置构造柱钢筋骨架，后砌墙，随着墙体的升高而逐段现浇混凝土构

造柱身。

3. 隔墙

1）块材隔墙

块材隔墙是用普通砖、空心砖、加气混凝土等块材砌筑而成的，常用的有普通砖隔墙和砌块隔墙。

（1）普通砖隔墙

普通砖隔墙有半砖（120mm）和1/4砖（60mm）两种。半砖隔墙用普通砖顺砌，砌筑砂浆宜大于M2.5；1/4砖隔墙是由普通砖侧砌而成。

（2）砌块隔墙

目前最常用的是加气混凝土砌块、粉煤灰硅酸盐砌块、水泥炉渣空心砖等砌筑的隔墙。隔墙厚度由砌块尺寸而定，一般为90～120mm。

砌块大多具有质轻、孔隙率大、隔热性能好等优点，但吸水性强，因此，砌筑时应在墙下先砌3～5皮黏土砖。砌块隔墙厚度较薄，也需采取加强稳定性措施，其方法与砖隔墙类似，如图2.19所示。

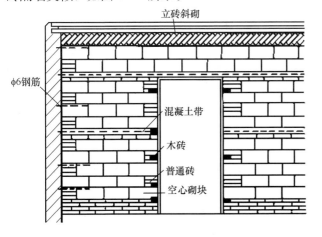
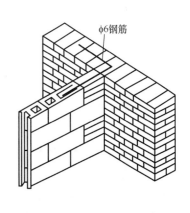

图2.19 砌块隔墙

2）板材隔墙

板材隔墙是指单板高度相当于房间净高，面积较大，且不依赖骨架，直接装配而成的隔墙。如增强石膏空心板（图2.20）、泰柏板等。

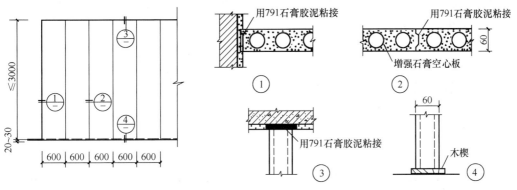

图2.20 增强石膏空心条板图

4. 墙体的保温隔热等功能

1）保温要求

如图 2.21 所示，是外墙冬季的传热过程，为了减少热损失，防止凝结水及空气渗透，应采取以下措施：

（1）提高外墙保温能力，减少热损失。

（2）防止外墙中出现凝结水。隔蒸汽层常用卷材、防水涂料或薄膜等材料，如图 2.22 所示。

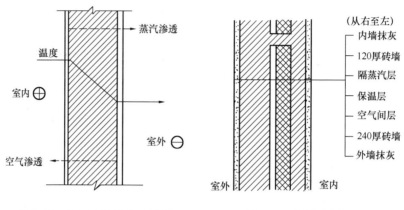

图 2.21　外墙冬季的传热过程　　　　图 2.22　隔蒸汽层设置

（3）防止外墙出现空气渗透。

2）隔热要求

一般可采取以下措施：

（1）外墙选用热阻大、质量大的材料，例如砖墙、土墙等，使外墙内表面的温度波动减小，提高其热稳定性。

（2）外墙表面选用光滑、平整、浅色的材料，以增加对太阳光的反射能力。

（3）总平面及个体建筑设计合理，争取良好朝向，避免西晒，组织流畅的穿堂风，采用必要的遮阳措施，搞好绿化以改善环境小气候。

3）隔声要求

墙体主要隔离由空气直接传播的噪声。空气声在墙体中的传播途径有两种：一是通过墙体的缝隙和微孔传播；二是在声波作用下墙体受到振动，声音透过墙体而传播。

对墙体一般采取以下措施控制噪声：

（1）加强墙体的密封处理。

（2）增加墙体密实性及厚度，避免噪声穿透墙体或引起墙体振动。

（3）采用有空气间层或多孔性材料的夹层墙。

（4）在建筑总平面中考虑隔声问题。

4）其他方面的要求

（1）防火要求选择燃烧性能和耐火极限符合防火规范规定的材料。

（2）防水防潮要求对卫生间、厨房、实验室等有水的房间及地下室的墙应采取防水防潮措施。

（3）建筑工业化要求。建筑工业化的关键是墙体改革，必须改变手工生产及操作，提高机械化施工程度，提高工效，降低劳动强度，并应采用轻质、强度高的墙体材料，以减轻自重，降低成本。

5. 楼地层

1）楼地层的组成和设计要求

楼板层是建筑物中分隔上下楼层的水平构件，它不仅承受自重和其上的使用荷载，并将其传递给墙或柱，而且对墙体也起着水平支撑的作用。地层是建筑物中与土壤直接接触的水平构件，承受作用在它上面的各种荷载，并将其传给地基。

（1）楼地层的组成

楼板层主要由面层、结构层和顶棚组成（图 2.23）。地层主要由面层、垫层和基层组成（图 2.24）。根据使用要求和构造做法的不同，楼地层有时还需设置找平层、结合层、防水层、隔声层、隔热层等附加构造层。

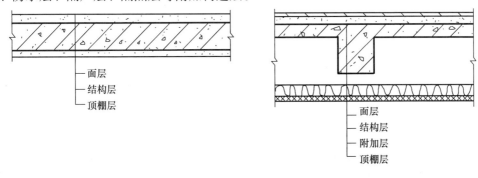

图 2.23 楼板层的组成

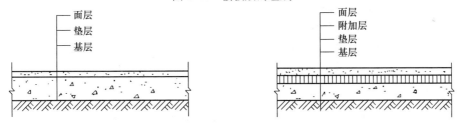

图 2.24 地坪层的组成

（2）楼地层的构造要求

①具有足够的强度和刚度，以保证结构的安全和正常使用。

②根据不同的使用要求和建筑质量等级，要求具有不同程度的隔声、防火、防潮、保温隔热等性能。

③便于在楼地层中敷设各种管线。

④满足建筑经济的要求。

⑤尽量为建筑工业化创造条件，提高建筑质量和加快施工进度。

（3）楼板的类型

楼板层按其结构层所用材料的不同，可分为钢筋混凝土楼板、木楼板、砖拱楼板及压型钢板混凝土组合板等多种形式（图 2.25）。木楼板具有自重轻、构造简单、吸热指数小等优点，但其隔声、耐久和耐火性能较差，且耗木材量大，除林区外，一般极少采用。砖拱楼板虽可节约钢材、木材、水泥，但其自重大，承载力及抗震性能较差，且施工较复杂，目前已很少采用。钢筋混凝土楼板强度高、刚度好，耐久、耐火、耐水性好，且具有良好的可塑性，目前被广泛采用。压型钢板混凝土组合板是以压型钢板为衬板与混凝土浇筑在一起而构成的楼板。

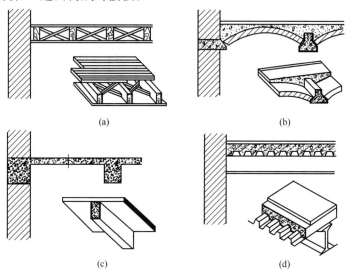

(a)　　　　　　　　　　　　(b)

(c)　　　　　　　　　　　　(d)

图 2.25　楼板的类型

（a）木楼板；（b）砖拱楼板；（c）钢筋混凝土楼板；（d）压型钢板混凝土组合板

2）钢筋混凝土楼板

（1）现浇钢筋混凝土楼板

现浇钢筋混凝土楼板是指在现场支模、绑扎钢筋、浇捣混凝土，经养护而成的楼板。现浇钢筋混凝土楼板根据受力和传力情况不同，分为板式楼板、梁板式楼板、无梁式楼板和压型钢板组合板等。

①板式楼板

板内不设梁，板直接搁置在四周墙上的板称为板式楼板。板有单向板和双向板之分（图 2.26）。当板的长边与短边之比大于 2 时，板基本上沿短边单方向传递荷载，这种板

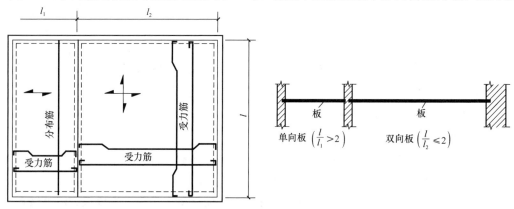

图 2.26　单向板和双向板

称为单向板；当板的长边与短边之比小于或等于2时，作用于板上的荷载沿双向传递，在两个方向产生弯曲，称为双向板。

②梁板式楼板

由板、梁组合而成的楼板称为梁板式楼板（又称为肋形楼板）。根据梁的构造情况又可分为单梁式、复梁式和井梁式楼板。

a. 单梁式楼板：当房间尺寸不大时，可以只在一个方向设梁，梁直接支承在墙上，称为单梁式楼板（图2.27）。

b. 复梁式楼板：有主次梁的楼板称为复梁式楼板（图2.28）。

c. 井梁式楼板：井梁式楼板是梁板式楼板的一种特殊形式。当房间尺寸较大，并接近正方形时，常沿两个方向布置等距离、等截面的梁，从而形成井格式的梁板结构（图2.29）。

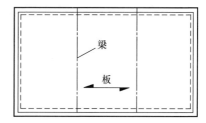

图2.27 单梁式楼板

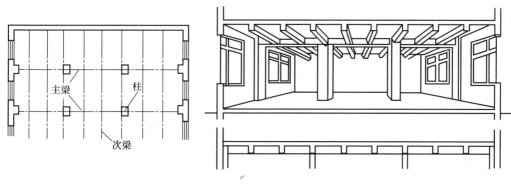

图2.28 复梁式楼板

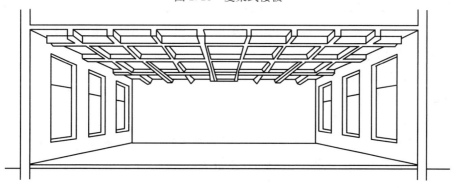

图2.29 井梁式楼板

③无梁楼板

框架结构中将板直接支承在柱上，且不设梁的楼板称为无梁楼板，分为有柱帽和无柱帽两种。当楼面荷载较小时，可采用无柱帽式的无梁楼板；当荷载较大时，为提高楼板的承载能力及其刚度，增加柱对板的支托面积并减小板跨，一般在柱顶加设柱帽或托板（图2.30）。

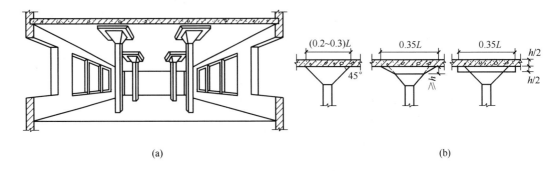

图 2.30 无梁楼板

(a) 无梁楼板透视；(b) 柱帽形式

④压型钢板混凝土组合板

以压型钢板为衬板，与混凝土浇筑在一起，搁置在钢梁上构成的整体式楼板称为压型钢板混凝土组合板。这种楼板主要由楼面层、组合板（包括现浇混凝土与钢衬板）及钢梁等几部分组成（图 2.31）。

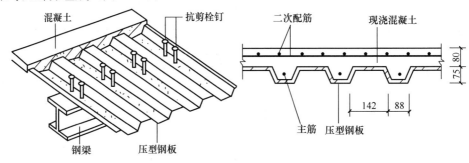

图 2.31 压型钢板混凝土组合板

特点是压型钢板起到了现浇混凝土的永久性模板和受拉钢筋的双重作用，同时又是施工的台板，简化了施工程序，加快了施工进度。另外，还可利用压型钢板肋间的空间敷设电力管线或通风管道。

3）楼地层的细部构造

（1）地层防潮

①设防潮层

通常对无特殊防潮要求的房间，其地层防潮采用 C10 混凝土垫层 60mm 厚即可。对防潮要求较高的房间，其地层防潮的具体做法是在混凝土垫层上、刚性整体面层下先刷一道冷底子油，然后刷憎水的热沥青两道或二布三涂防水层，如图 2.32（a）、（b）所示。

②设保温层

设保温层有两种做法：第一种是在地下水位较高的地区，可在面层与混凝土垫层间设保温层，并在保温层下设防水层；第二种是在地下水位低、土壤较干燥的地层，可在垫层下铺一层 1∶3 水泥炉渣或其他工业废料作保温层，如图 2.32（c）、（d）所示。

③架空地层

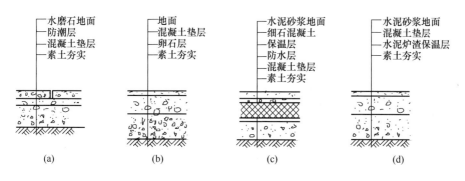

图 2.32 地层防潮构造

将地层底板搁置在地垄墙上，将地层架空，形成空铺地层，使地层与土壤间形成通风道，可带走地下潮气。

（2）楼地层防水

①楼面排水

为便于排水，首先要设置地漏，并使地面由四周向地漏有一定的坡度，从而引导水流入地漏。地面排水坡度一般为 1‰～1.5‰。

②楼层防水

有防水要求的楼层，其结构应以现浇钢筋混凝土楼板为好。面层也宜采用水泥砂浆、水磨石地面或缸砖、瓷砖、陶瓷锦砖等防水性能好的材料。常见的防水材料有防水卷材、防水砂浆和防水涂料等，如图 2.33、图 2.34 所示。

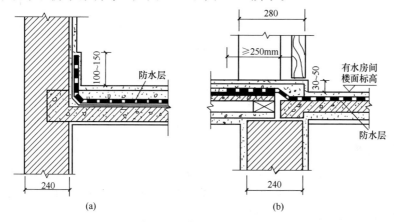

图 2.33 楼板层防水处理

（a）防水层伸入踢脚；（b）防水层铺至门外

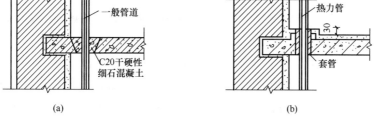

图 2.34 管道穿越楼板时的防水处理

（a）管道穿越楼板的处理；（b）热力管穿越楼板的处理

（3）楼板层隔声

楼层隔声的重点是对撞击声的隔绝，隔绝固体传声对下层空间的影响可从以下三个方面进行改善：

①在楼板面铺设弹性面层；

②设置片状、条状或块状的弹性垫层，其上做面层形成浮筑式楼板；

③结合室内空间的要求，在楼板下设置吊顶。

6. 阳台与雨篷

1）阳台

阳台是多层及高层建筑中供人们室外活动的平台，有生活阳台和服务阳台之分。阳台按其与外墙的相对位置分，有凸阳台、凹阳台和半凸半凹阳台。凹阳台实为楼板层的一部分，构造与楼板层相同，而凸阳台的受力构件为悬挑构件，其挑出长度和构造做法必须满足结构抗倾覆的要求。

（1）凸阳台的承重构件

钢筋混凝土凸阳台有三种结构类型（图2.35），多用于阳台形状特殊及抗震设防要求较高的地区。

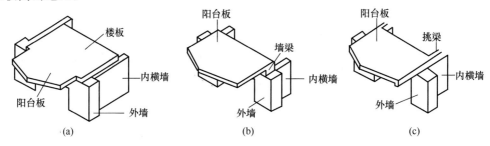

图2.35　钢筋混凝土凸阳台

(a) 挑板式；(b) 压梁式；(c) 挑梁式

（2）阳台的构造

①栏杆（栏板）与扶手

栏杆（栏板）是为保证人们在阳台上活动安全而设置的竖向构件，要求坚固可靠，舒适美观。其净高应高于人体的重心，不宜小于1.05m，也不应超过1.2m。栏杆一般由金属杆或混凝土杆制作，其垂直杆件间净距不应大于110mm。栏板有钢筋混凝土栏板和玻璃栏板等。

②阳台排水

阳台外排水适用于低层和多层建筑，具体做法是在阳台一侧或两侧设排水口，阳台地面向排水口做成1‰～2‰的坡度，排水口内埋设40～50镀锌钢管或塑料管（称水舌），外挑长度不少于80mm，以防雨水溅到下层阳台，如图2.36（a）所示。

内排水适用于高层建筑和高标准建筑，具体做法是在阳台内设置排水立管和地漏，将雨水直接排入地下管网，保证建筑立面美观，如图2.36（b）所示。

2）雨篷

当代建筑的雨篷形式多样，以材料和结构分为钢筋混凝土雨篷、钢结构悬挑雨篷、

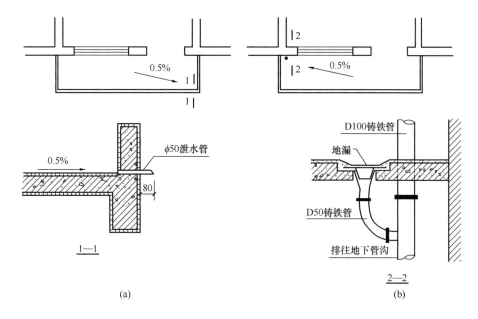

图 2.36 阳台排水构造

（a）水舌排水；（b）排水管排水

玻璃采光雨篷、软面折叠多用雨篷等。

（1）钢筋混凝土雨篷

一般由雨篷梁和雨篷板组成（图 2.37）。

（2）钢结构悬挑雨篷

钢结构悬挑雨篷由支撑系统、骨架系统和板面系统三部分组成。

（3）玻璃采光雨篷

玻璃采光雨篷是用阳光板、钢化玻璃作雨篷面板的新型透光雨篷。其特点是结构轻巧，造型美观，透明新颖，富有现代感，也是现代建筑中广泛采用的一种雨篷。

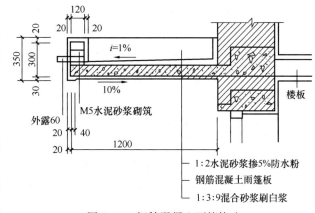

图 2.37 钢筋混凝土雨篷构造

二、职业活动训练——园林建筑（茶室）墙体构造设计

1. 承担设计任务

（1）能根据单元一项目所完成的建筑初步设计图纸进行建筑平面施工图、墙体节点详图的设计与绘制。

（2）该茶室建筑为砖混结构，砖块尺寸为 240mm×115mm×53mm，内外墙厚度均取 240mm。

（3）现浇钢筋混凝土楼板、现浇过梁。

（4）门窗材料自定。窗面积应符合采光要求。

（5）墙面装修、楼地面做法、散水、踢脚线等可自定。

2. 研究和分析

1）熟悉设计任务书，理解本次设计的目的要求。

2）根据所学过的理论知识，查阅相关资料，分析设计要点。

（1）勒脚构造设计要点。

①勒脚为室内外地面的高差部分，其高度一般不低于室内地坪高度，有时做到底层窗台底。

②常采用密实度大的材料处理勒脚，常见饰面做法为水泥砂浆石块砌筑；贴面砖或天然石材。

（2）散水的构造设计要点。

①散水宽度 600～1000mm，坡度 3‰～5‰，外边缘比室外地坪高出 20～30mm。

②面层材料有混凝土、砖、石等。采用混凝土时，宜按 20～30m 间距设置伸缩缝。一般灰土垫层宽度不小于 800mm，厚度不小于 150mm，混凝土宽度不小于 600mm，厚度不小于 50mm。

③由于建筑物的沉降，勒脚与散水施工时间的差异，在勒脚与散水交接处应设分隔缝，缝宽 20～30mm，用沥青类弹性材料嵌缝，上嵌沥青胶盖缝，以防渗水。

（3）防潮层构造设计要点。

①水平防潮层高度设置在室内地面不透水垫层之间，一般为 -0.060m 处。可采用 20～25mm 厚防水砂浆或 60mm 厚细石混凝土内配 3ϕ6 或 3ϕ8 钢筋。

②当设置钢筋混凝土地梁时，可将地梁设置在相应高度，用地梁兼作防潮层。

（4）踢脚构造设计要点。

①踢脚高度一般为 120～150mm。为了突出墙面效果或防潮，可将其延伸至 900～1800mm，形成墙裙。

②常见的饰面材料有水泥砂浆、水磨石、大理石、陶板、木踢脚等。

（5）窗台构造设计要点。

①外窗台要做好节点防水构造，同时内窗台应比外窗台高出 20 mm。

②突出墙面的窗台面应做坡度不小于 3‰向外的排水坡，下部要做滴水，与墙面交角处做成直径 100mm 的圆角。

（6）过梁构造设计要点。

①一般采用现浇的钢筋混凝土梁。

②宽度与墙厚一致，或做成 L 形断面，高度与砖墙皮数相适应，有 60mm、120mm、180mm 等。

（7）内、外墙饰面，楼地层饰面做法要适合所设计的建筑物，并参考当地的工程设计做法图集。居住建筑应将外墙的节能保温构造交代清楚。

（8）门窗洞口尺寸一般要符合建筑模数，如基本模数或 3M 扩大模数；在确定墙段尺寸时，因为是采用的标准砖，所以一定要考虑到砖的模数，一般当墙段长度小于 1.5m 时，设计时宜使其符合砖的模数，当墙段长度超过 1.5m 时，可不考虑砖的模数，可通过竖缝宽度来调节。

门窗洞口大小的确定主要是满足室内采光的要求，一般采用窗地面积比的方法，即直接天然采光房间的侧窗洞口面积与该房间地面面积之比。不同的建筑空间为了保证室内的明亮程度，照度标准是不一样的，如在住宅设计中客厅的窗地比一般是 $1/6\sim1/4$，卧室的窗地比一般为 $1/6\sim1/8$ 等。

3）收集设计资料。在设计时参考相关的标准设计图集或规范资料，且进行设计时，不要违背建筑设计规律，要严格按照建筑制图规范制图。

4）理论联系实际，设计必须满足实际施工的需要。

3. 设计图纸内容与深度

1）底层平面图

具体的深度要求如下：

（1）画出横向、纵向定位轴线和轴线编号圆圈，并编写轴线号。

（2）在平面图的左、下、上三个方面各标注三道尺寸，即总尺寸、定位尺寸和细部尺寸。

总尺寸：该尺寸线为第一道尺寸线，也是三道尺寸线中位置最外的一道。处于建筑物左右两个外墙外边缘之间的尺寸，叫做建筑物全长总尺寸；建筑物上、下两个外墙外边缘之间的尺寸，也叫做建筑进深总尺寸。

定位尺寸：该尺寸线为第二尺寸线，也是三道尺寸线中位置居中的一道。定位尺寸是指外墙外边缘到第一条定位轴线的距离尺寸（或最后一条定位轴线到外墙外边缘的距离尺寸）；相邻的两条定位轴线之间的距离尺寸。

细部尺寸：该尺寸线为第三道尺寸线，也是三道尺寸线中位置最靠内的一道。细部尺寸是指在外墙上各墙段以及门窗洞口的尺寸，若轴线穿过墙段，则应分别在轴线两边标注墙段尺寸。另外，在画该道尺寸线时，注意尺寸线与平面图最外线之间应保持一定的距离，以便为剖面图剖切符号或者详图索引符号留出适当的位置，使图面更美观、得体。

（3）标注各纵横墙体厚度和走道墙段及其洞口的局部尺寸及散水宽度。一般建筑物内部尺寸与外墙部分尺寸，应该分开标注。标注时，应该遵循"就近标注"原则，而不要把内部尺寸标注在外部的三道尺寸线上。

（4）标注室内外地面或楼面标高、楼层中间休息平台标高，以及有水房间和阳台楼地面标高。

（5）画出楼梯踏步，因为该建筑物为宿舍楼，所以楼梯的踏步尺寸一般取宽度150mm、高度300mm。

（6）画门扇。细实线表示，开启方向要表示出内开或外开，用 45°或者 90°示意。

（7）练习给出门窗编号，如 M1、M2、C1、C2 等。不同规格、材料的门窗都应该给予不同的编号。

（8）画墙身剖面节点详图索引号。

（9）在平面图下方用 10 号字注写图名，如"底层局部平面图"，以及比例，如"1：100"。

2）墙身大样图（墙身剖面节点详图）

按平面图上详图索引位置画出三个墙身节点详图，即：墙脚、窗台处和过梁及楼、楼板层节点详图。布图时，要求按照顺序将1、2、3节点从下到上布置在同一条垂直线上，共用一条轴线和一个编号圆圈。

三个墙身节点详图的绘制要求如下：

节点详图1——外墙墙脚节点详图。

（1）比例为1：10。

（2）详图范围：下部画到基础顶面以上；上部画到底层的踢脚板以上；左边画出散水和一部分室外地坪；右边画出一部分底层室内地层。上、下、右三方要用折断线折断。

（3）首先画出定位轴线及编号圆圈，并注写相应的编号（根据平面图中的剖切位置而定）。

（4）墙面抹灰部分：画出墙身、勒脚墙、内外抹灰厚度，并用材料符号表示出来。在定位轴线两边分别标注砖墙厚度。

（5）水平防潮层部分：画水平防潮层，注明其材料和做法，标注水平防潮层与底层室内地面间的距离，以及水平防潮层标高。

（6）散水和室外地面部分：画出室外地面，标注室外地面标高。按照构造层次画出散水构造，根据制图规范用层次构造引出标注散水材料、做法以及各层次的厚度尺寸；标注散水的宽度、流水方向和坡度大小，散水与勒脚墙之间的变形缝构造处理要交代清楚。

（7）室内地层以及踢脚板部分：按照构造层次画出室内地面构造，用层次构造引出线标注室内地层材料、做法以及各层次的厚度尺寸；标注室内地面标高。画出踢脚板，标注踢脚板的高度尺寸。

（8）详图编号：画完该节点详图后，在详图的右下角画详图编号圆圈，编号圆圈用粗线条绘制，直径16mm，因为第一个节点详图，所以在编号圆圈内注写"1"数字。然后在编号圆圈的右侧注写详图比例"1：10"。

节点详图2——外墙窗台节点详图。

（1）比例为1：10。

（2）节点详图范围：下部画到窗台以下，上部画到窗下框以上。上、下要用折断线折断。

（3）首先画定位轴线与节点详图1的定位轴线在同一条垂直线上，与节点详图1共用一个编号圆圈，不需要画出。

（4）墙面抹灰部分：画出墙身、内外抹灰厚度。画法和节点详图1相同。

（5）窗台和窗台板部分：画窗台的细部构造，表示出窗台的材料和做法；标注窗台的厚度、宽度及坡向以及坡度大小；标注窗台的标高。一般情况下，窗户都设有窗台板，应该将其画出，要求表明其与窗台和窗框的连接构造关系，标注出窗台板的材料、做法及尺寸。

（6）窗框部分：画出窗框截面，与窗台和窗台板的连接构造应表示清楚。

（7）详图编号：画完该节点详图后，在详图的右下角画详图编号圆圈，编号圆圈画法与第一个节点详图相同，在编号圆圈内注写"2"数字。然后在编号圆圈的右侧注写详图比例"1：10"。

节点详图3——外墙过梁及楼板层节点详图。

（1）比例为1：10。

（2）详图范围：下部画到下层窗上框以下；上部画到上层的踢脚板以上。上、下要用折断线折断。

（3）首先画定位轴线与节点详图1和节点详图2的定位轴线在同一条垂直线上，与节点详图1或2共用一个编号圆圈，不需要画出。

（4）墙面抹灰部分：画出墙身、内外抹灰厚度。画法和节点详图1、2相同。

（5）窗上框部分：画出窗上框截面，与窗台和窗台板的连接构造应表示清楚。

（6）窗过梁部分：画出钢筋混凝土过梁的细部构造，标注过梁的材料符号以及相关尺寸；标注过梁下表面标高。

（7）圈梁以及楼板层部分：一般圈梁可以兼用作过梁，此时圈梁的画法与过梁画法类似；如果圈梁和过梁分开设计，则需要画出圈梁的材料符号，并标注有关圈梁的尺寸。按照构造层次画出楼板层的各层构造，并用层次构造引出线标注楼板层各层次的材料、做法以及厚度尺寸；标注楼面标高。

（8）楼面踢脚板部分：画出踢脚板的材料符号，并标注其高度尺寸。

（9）详图编号：画完该节点详图后，在详图的右下角画详图编号圆圈，编号圆圈画法与第一个节点详图相同，在编号圆圈内注写"3"数字，然后在编号圆圈的右侧注写详图比例"1：10"。

项目二　楼梯构造设计

学习目标：

通过楼梯构造理论的学习，使学生掌握楼梯方案的选择方法及楼梯设计的主要内容，培养绘制和识读施工图的能力。

能力标准：

能根据单元二项目一所完成的建筑平面施工图、墙体节点详图等相关图纸与资料完成楼梯的构造设计与绘制，包括楼梯间平面图、楼梯间剖面图和楼梯构造节点详图。

一、应知部分

楼梯的基本功能是解决不同楼层之间垂直联系的交通枢纽。基本要求包括上下通行方便，有足够的通行宽度和疏散能力（包括人行及搬运家具物品），并应满足坚固、耐久、安全、防火和一定的审美要求。台阶是在建筑物入口处，为解决室内外地面的高差而设置的阶梯。坡道是用斜坡来解决地面的高差，可作为无障碍设施。

1. 楼梯的组成、形式及坡度

楼梯是由梯段、平台、扶手栏杆（栏板）三部分组成，各构成要素的作用如图 2.38 所示。楼梯的形式如图 2.39 所示。

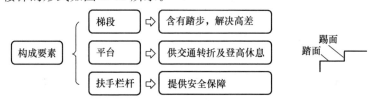

图 2.38 楼梯构成要素

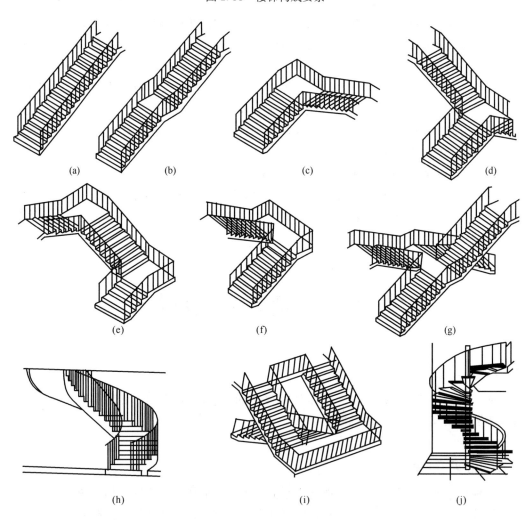

图 2.39 楼梯的形式

(a) 直跑楼梯（单跑）；(b) 直跑楼梯（双跑）；(c) 转角楼梯；(d) 双分转角楼梯；

(e) 三跑楼梯；(f) 平行双跑楼梯；(g) 交叉楼梯；(h) 圆形楼梯；

(i) 双分平行楼梯；(j) 螺旋楼梯

如图 2.40 所示，楼梯常用坡度范围在 $25°\sim$
$45°$，其中以 $30°$ 左右较为适宜。如公共建筑中的楼
梯及室外的台阶常采用 $26°34'$ 的坡度，即踢面高与
踏面深之比为 $1:2$。居住建筑的户内楼梯可以达到
$45°$，坡度达到 $60°$ 以上的属于爬梯的范围。

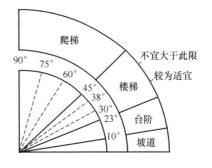

图 2.40 楼梯常用坡度范围

2. 楼梯的结构支承形式

楼梯的结构支承形式多样，下面介绍三种常用
的楼梯结构支承形式：

（1）用平台梁来支承的板式楼梯和梁式楼梯

平台梁是设在梯段与平台交接处的梁，是最常用的楼梯梯段的支座。平台可以与梯
段共用支座，也可以另设支座。

平台梁设在梯段的两端，可使梯段的跨度做到最小。如因建筑物整体布置的关系使
得需要移动平台梁的位置，就有可能将梯段和平台当成折线形的构件来处理。

如图 2.41、图 2.42 所示，其板式楼梯的一个梯段就是一块板，梁式楼梯的梯段又
分成踏步板和梯段梁两部分。板式楼梯钢筋混凝土梯段的主筋沿长方向配置；梁式楼梯
钢筋混凝土踏步板的主筋沿踏面的长方向配置，钢筋混凝土梯段梁的主筋沿长方向
配置。

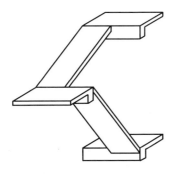
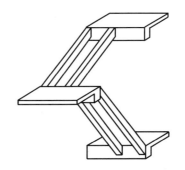

图 2.41 板式楼梯示意图　　图 2.42 梁式楼梯示意图

（2）从侧边出挑的挑板楼梯

梯段板不由两端的平台梁支承，而改由侧边
的支座出挑，这时梯段板相当于倾斜或受扭的挑
板阳台，如图 2.43 所示。

（3）支承在中心立杆上的螺旋楼梯

直接将踏步做成踏步块安放在中心立柱上，
然后调整角度并固定。螺旋楼梯的装饰性较强，
但踏步近中心处较窄，只能用于居住建筑的户内
以及一些小型的办公、储藏空间等，不能用于有
大量人流的公共空间，尤其不能用作消防疏散楼
梯，如图 2.44 所示。

楼梯的支承形式除了上面三种，在实际工作

图 2.43 钢筋混凝土筒支承的挑板楼梯

图 2.44　中心立杆支承的螺旋楼梯

中，还有作为空间构件的悬挑楼梯、悬挂楼梯等。

3. 楼梯常用施工工艺

（1）整体现浇式钢筋混凝土楼梯

整体现浇式钢筋混凝土楼梯就是通过支模、绑扎钢筋，与建筑物主体部分浇筑成整体。其结构刚度好，结构断面高度也较小，使用面广。跨度较大的梁式楼梯，现浇时可将梯段梁上翻，与楼梯栏板结合起来处理，免得梯段梁下垂显得较为厚重。如图 2.45 所示，习惯上将梁式楼梯的踏步从侧边可以看到的称为"明步"，而将如把梯段梁上翻，使得从侧边不能看到踏步的称为"暗步"。

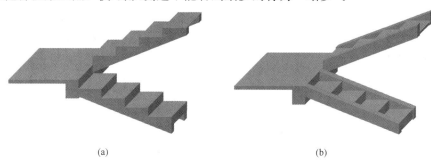

(a)　　　　　　　　　　　　　　(b)

图 2.45　梁式楼梯的踏步板

（a）踏步板为明步；（b）踏步板为暗步

（2）预制装配式楼梯

装配式楼梯是以整个梯段以及整个平台为单独的构件单元，在工厂预制好后运到现场安装，或者以楼梯踏步板为主要装配构件，安装在梯段梁上，如图 2.46 所示。就目

图 2.46　预制装配式楼梯（钢构件）

前的施工工艺来说，对于预制装配式楼梯多采用钢构件，在现场采用焊接工艺拼装而成。

（3）楼梯扶手栏杆构造

扶手高度一般为自踏面前缘以上0.90m。室外楼梯，特别是消防楼梯的扶手高度应不小于1.10m。住宅楼梯栏杆水平段的长度超过500mm时，其高度必须不低于1.05m。幼托及小学校等使用对象主要为儿童的建筑物中，需要在0.60m左右的高度再设置一道扶手，以适应儿童的身高。对于养老建筑以及需要进行无障碍设计的场所，楼梯扶手的高度应为0.85m，而且也应在0.65m的高度处再安装一道扶手。如图2.47所示为几种常见的扶手形式及安装方式。

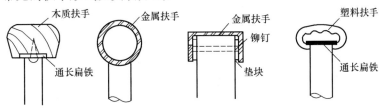

图2.47 几种常见的扶手形式及安装方式

常用立杆材料多为圆钢、方钢、扁钢及钢管。如图2.48所示，固定方式有与预埋件焊接、开脚预埋（或留孔后装）、与埋件拴接、用膨胀螺栓固定等。其安装部位多在踏面的边沿位置或踏步的侧边，并在立杆之间固定安全玻璃、钢丝网、钢板网等形成栏板。随着建筑材料的改良和发展，有些玻璃栏板甚至可以不依赖立杆而直接作为受力的栏板来使用。

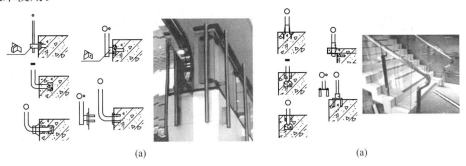

(a)   (a)

图2.48 楼梯栏杆立杆安装方式

（a）安装在楼梯侧边的栏杆立杆；（b）安装在踏面上的栏杆立杆

4. 楼梯设计的一般规定

有关楼梯设计的一般规定：

（1）公共楼梯设计的每段梯段的步数不超过18级，不少于3级。

（2）梯级的踢面高度原则上不超过175mm。作为疏散楼梯时，规范规定了不同类型建筑楼梯踏步高度的上限和宽度的下限，如住宅踏步高不超过175mm，踏步宽不低于260mm，商业建筑踏步高不超过160mm，踏步宽不低于280mm等。

（3）楼梯的梯段宽（净宽，指墙边到扶手中心线的距离）按550＋（0～150）mm为一股人流；不同类型的建筑按楼梯的使用性质需要不同的梯段宽度。一般一股人流宽度大于 900mm，两股人流宽度在 1100～1400mm，三股人流在 1650～2100mm，但公共建筑都不应少于 2 股人流。

（4）楼梯的平台宽度（净宽）不应小于其梯段的宽度。

（5）在有门开启的出口处和有构件突出处，楼梯平台应适当放宽。

（6）楼梯的梯段下面的净高不得小于 2200mm；楼梯的平台处净高不得小于 2000mm，如图 2.49 所示。

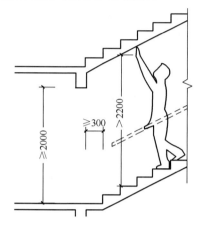

图 2.49　楼梯平台及梯段下净高控制

5. 台阶和坡道构造

台阶也分踏步及平台两部分，公共建筑主要出入口处的台阶每级不超过 150mm 高，踏面宽度选择在 350～400mm 之间或更宽；医院及运输港的台阶常选择 100mm 左右的踢面高和 400mm 左右的踏面宽，以方便病人及负重的旅客行走；坡道的坡度一般在 15°以下，若坡度在 6°或者说是在 1：12 以下的，属于平缓的坡道。坡道的坡度达到 1：10 以上，就应采取防滑措施，如图 2.50 所示。

建筑主体沉降、热胀冷缩、冰冻等因素，都有可能造成台阶与坡道的变形。解决方法为加强房屋主体与台阶及坡道之间的联系，以形成整体沉降；或索性将二者结构完全脱开，加强节点处理，如图 2.51 所示。

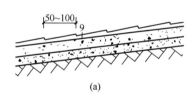

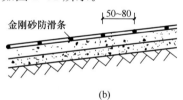

图 2.50　坡道表面防滑处理

（a）表面带锯齿形；（b）表面带防滑条

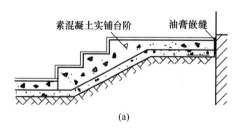

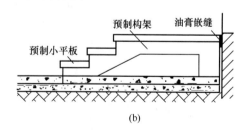

图 2.51　台阶与主体结构脱开的做法

（a）实铺；（b）架空

二、设计实例

实例 1

楼梯间开间尺寸为 2.7m，进深尺寸为 4.8m，层高 2.8m，室内外高差 0.8m，楼梯间墙厚 240mm。试设计平行双跑楼梯，底层平台下做出入口，根据条件绘制剖面简图。

1. 据设计规范要求，住宅 $h=156\sim175$mm，$b=260\sim300$mm，初选 $h=170$mm，由 $b+2h=610\sim620$mm，得 $b=610-2\times170=270$mm。

2. 踏步数量 $N=H/h=2800/170=16.5$，取整数 $N=16$，对踏步的高、宽分别调整为 $h=2800/16=175$mm，$b=610-2\times175=260$mm。设计为等跑楼梯，每个梯段的踏步数为 $n=16/2=8$。

3. 计算梯段的水平投影长度 $L=(N/2-1)\times b=7\times260=1820$mm。

4. 取梯井宽度 $C=60$mm，开间净宽 $A=2700-120\times2=2460$，梯段净宽 $a=(A-C)/2=(2460-60)/2=1200$mm，满足住宅建筑要求。

5. 取平台宽度 $D_1\geqslant a=1200$mm，楼梯间净进深 $B=4800-240=4560$mm，则：$D_2=B-L-D_1=4560-1820-1200=1540$mm $\geqslant1200$mm，满足要求。

6. 首层平台下作通道或出入口的处理，设平台梁高 $h_1=$ 跨度$/12=2700/12=225$，取 $h_1=250$mm，则底层平台下净高 $H_1=2800/2-250=1150$，降低室内地坪 $700=4\times175$，并采用不等跑梯段，则，$H_1=1150+700+175=2025\geqslant2000$，满足。

7. 调整后，第一梯段 $L_1=8\times260=2080$，第二梯段 $L_2=6\times260=1560$，其余梯段不变。保持平台宽 D_1 不变，则 $D_{21}=1540-260=1280$，其余平台宽不变，均满足要求。

可知：$h=175$、$b=260$、$L=1820$、$L_1=2080$、$L_2=1560$、$D_1=1200$、$D_2=1540$、$D_{21}=1280$，降低室内地坪：$4\times175=700$。

8. 绘制剖面简图（图 2.52）

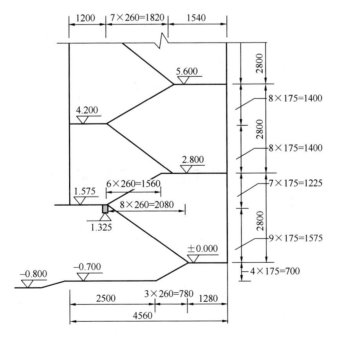

图 2.52 楼梯剖面简图

实例 2

已知条件：楼梯间开间尺寸为 3.6m，进深尺寸为 6.6m，层高 3.0m，楼梯间墙厚

240。通过草图分析已确定步高 $h=150$、步宽 $b=300$、$L=2700$、$D1=1800$、$D2=2100$。

制图：（1）平面图；（2）剖面图；（3）节点详图。

1）楼梯平面图画法步骤

（1）先定轴线，根据楼梯开间和进深尺寸绘制纵横两根轴线，定梯段的长度和平台宽度，楼梯井的宽度，如图 2.53（a）

（2）定墙厚、踏面宽度、门窗洞口宽度，如图 2.53（b）。

（3）画细部，标注尺寸，如图 2.53（c）、图 2.54。

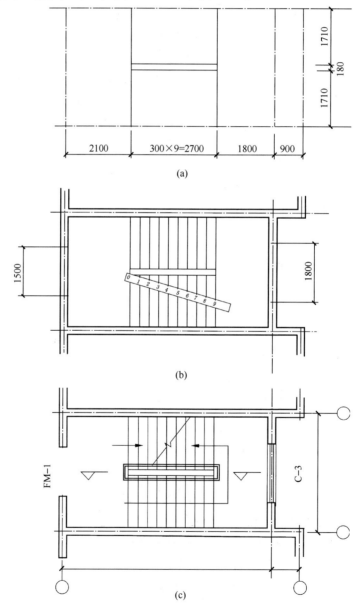

图 2.53　楼梯平面图画法步骤

（a）定轴线、梯段宽、平台宽、梯段长；（b）定墙厚、踏面宽；（c）绘出梯杆等细部

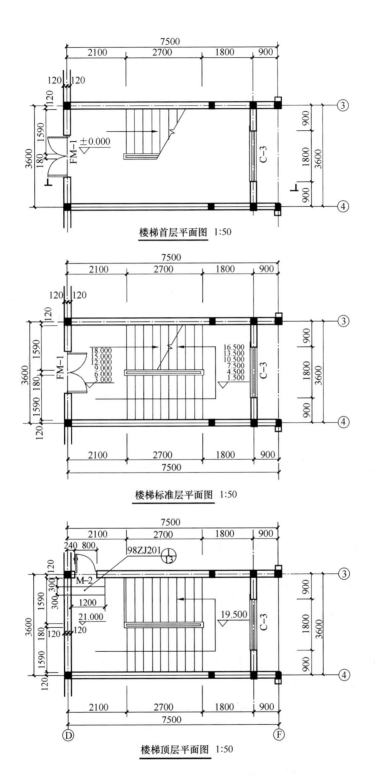

楼梯首层平面图 1:50

楼梯标准层平面图 1:50

楼梯顶层平面图 1:50

图 2.54 楼梯平面图

2）楼梯剖面图的画法步骤

（1）定轴线、定楼面、定休息平台的位置，如图 2.55（a）。

（2）定踏步，如图 2.55（b）。

（3）定墙体、楼板和平台板的厚度，如图 2.55（c）。

（4）画细部，如图 2.55（d）、图 2.56。

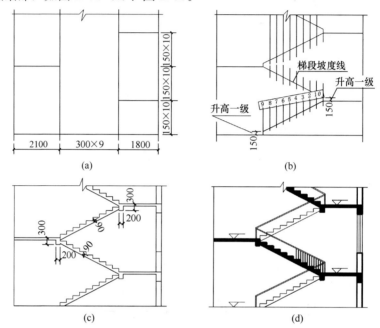

图 2.55　楼梯剖面图画法步骤

（a）定轴线、定楼面、平台表面线，定梯段和平台宽；（b）升高一级定楼梯坡度线，封面宽线；

（c）定墙厚、楼面厚度、定平台梁高度和宽度，定墙面、踏面、梯板厚度，定窗洞高度；

（d）绘栏杆、扶手等细部，画材料图例，绘标高符号

经检查无误后，根据规定加深、加粗图线，标注尺寸、标高，注写图名、比例和文字说明等。

3）节点详图（图 2.57）

三、职业活动训练——园林建筑（茶室）楼梯构造设计

1. 承担设计任务

（1）根据单元二项目一所完成的建筑平面施工图、墙体节点详图等相关图纸与资料完成楼梯的构造设计与绘制。

（2）砖混结构，层高 3.0m，顶层屋顶不上人，楼梯开间、进深及做法由学生自行确定。

（3）砖块尺寸为 240mm×115mm×53mm，内外墙厚度均取 240mm，轴线居中。

（4）现浇钢筋混凝土楼板、现浇过梁。

2. 研究与分析

1）楼梯各部分尺寸的确定

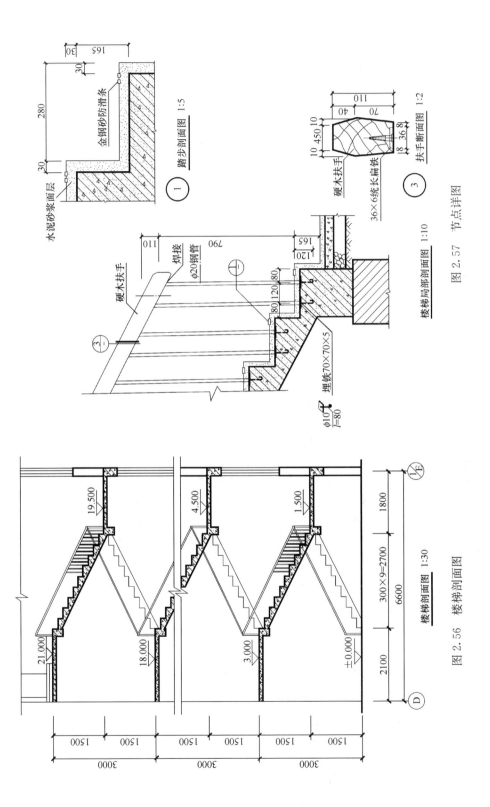

① 踏步剖面图 1:5

水泥砂浆面层
金钢砂防滑条

③ 扶手断面图 1:2

硬木扶手
36×6统长扁铁

楼梯局部剖面图 1:10

硬木扶手
焊接
φ20钢管
埋铁70×70×5
φ10 l=80

图 2.57 节点详图

楼梯剖面图 1:30

图 2.56 楼梯剖面图

根据楼梯间的开间、进深、层高，确定每层楼梯踏步的高和宽、梯段长度和宽度、平台宽度等。(注意：双跑楼梯每层踏步级数最好取偶数，使两跑踏步数相等。)

(1) 根据建筑物的性质、楼梯的平面位置及楼梯间的尺寸确定楼梯的形式及适宜的坡度。初步确定踏步宽 b 和踏步高 h (注意：$b \not< b_{min}$，$h \not> h_{max}$，b_{min} 和 h_{max} 分别为各类建筑的最小踏步宽和最大踏步高)。b、h 的取值可参考表 2.2。

表 2.2　一般楼梯踏步设计参考尺寸

名　称	踏步高（mm）		踏步宽（mm）	
	最大值	常用值	最小值	常用值
住宅	175	150～175	260	260～300
中小学校	150	120～150	260	260～300
办公楼	160	140～160	280	280～340
幼儿园	150	120～140	260	260～280
剧场、会堂	160	130～150	280	300～350

(2) 确定踏步级数 N，调整踏步高 h 和踏步宽 b。用层高 H 除以踏步高 h，得踏步级数 $N \approx H/h$，当 N 为小数时，取整数，并调整踏步高 h ($h \approx H/N$，用公式 $b + 2h = 600 \sim 620mm$)，确定踏步宽 b。

(3) 由踏步宽 b 及每梯段的级数 N，确定梯段的水平投影长度 L，其 $L = b \times (N/2 - 1)$。

(4) 确定梯井宽度 C，或是否设梯井。供儿童使用的楼梯梯井不应大于 120mm，以利安全。

(5) 根据楼梯间开间净宽 A 和梯井宽度 C 确定梯段宽度 a，$a = (A - C)/2$。

(6) 根据初选中间平台宽 $D1$($D1 \geqslant a$)，计算楼层平台宽 $D2$($D2 \geqslant a$)，即 $D2 = B - (D1 + L)$，B 指楼梯间净进深。如 $D2$ 不能满足，可将 L 值进行调整 (即调整 b 值)。

2) 根据上述尺寸画出楼梯底层、标准层及顶层平面图的草图。

3) 确定楼梯结构及构造形式

确定楼梯为现浇或预制、梯段为板式或梁板式，以及平台板的支承方式。

4) 进行楼梯净空高度的验算

对于底层平台下做出入口时，应验算平台梁下净空高度是否满足 2m 的要求。若不满足，可通过下列途径加以调整：

(1) 降低楼梯间底层平台梁下的室内地坪标高。

(2) 将底层第一梯段增加级数。

(3) 底层设一跑直通二层。

(4) 将第一跑坡度适当增大，抬高底层平台标高。

(5) 将 (1)(2)(3)(4) 四种方法结合使用。

5) 根据平面图、剖切位置及上述尺寸绘制剖面草图

根据计算的踏步级数和踏步的宽度和高度，先画出全部踏步的剖面轮廓线，然后按

所选定的结构形式画出梯段板厚（梁板式梯段还应画出梯梁高）、平台梁、平台板、端墙、门、窗、过梁等。

6）根据剖面图调整好的尺寸，对平面图进行调整，并按设计要求进行尺寸标注。

7）完成剖面图，加深并标注。

3. 设计图纸内容与深度

1）楼梯间底层、标准层和顶层三个平面图，比例 1：50

（1）绘出楼梯间墙、门窗、踏步、平台及栏杆扶手等。底层平面图还应绘出室外台阶或坡道、部分散水的投影等。

（2）标注两道尺寸线。

开间方向：

第一道：细部尺寸，包括梯段宽、梯井宽和墙内缘至轴线尺寸；

第二道：轴线尺寸及轴线编号。

注意：①梯井宽指平行两梯段结构之间的净距，而非楼梯扶手之间的净距。

②可不标注门窗洞口及墙段尺寸，但应在图上画出。

进深方向：

第一道：细部尺寸，包括梯段长度、平台宽度和墙内缘至轴线尺寸。

第二道：轴线尺寸及轴线编号。

若两梯段长度相同，可只在一边标注，若不同，则应在另一边加注第一道尺寸。

（3）内部标注楼层和中间平台标高、室内外地面标高，标注楼梯上下行指示线，并注明该层楼梯的踏步数。

（4）注写图名、比例，底层平面图还应标注剖切符号及编号。注意：剖切线的剖视方向应朝向有梯段一方投影，并应剖到楼梯间端墙上所开的门窗洞口。

2）楼梯间剖面图，比例 1：30

楼梯间剖面详图应画出底层、二层、顶层之梯段，顶层画到顶层栏杆扶手高度以上用折断线切断。剖面图应按楼梯平面图上剖切线剖视方向绘制。具体要求如下：

（1）绘出梯段、平台、栏杆扶手、室内外地面、室外台阶或坡道、雨篷以及剖切后投影所见的门窗、楼梯间墙等，剖切到部分用材料图例表示。

（2）标注两道尺寸线。

水平方向：

第一道：细部尺寸，包括梯段长度、平台宽度和墙内缘至轴线尺寸。

第二道：轴线尺寸及轴线编号。

垂直方向：

第一道：各梯段高度。

第二道：层高尺寸。

（3）标注各楼层和中间平台标高、室内外地面标高、底层平台梁底标高、栏杆扶手高度等。注写图名和比例。

3）楼梯构造节点详图（2～5 个），比例自定。

要求表示清楚各细部构造、标高有关尺寸和做法说明。

项目三　屋面排水及节点设计

 学习目标：

屋面排水及节点设计是屋面设计的重要组成部分，通过对屋面构造基础理论的学习，掌握屋面排水设计的步骤、内容、深度，能正确设计并绘制建筑屋顶平面图及节点详图。

 能力标准：

能根据单元二项目一、项目二所完成的建筑平面施工图、详图等相关图纸与资料完成屋面排水及节点的设计与绘制，包括屋顶平面图、建筑剖面图、部分节点详图。

一、应知部分

1. 概述

1）屋顶的作用、类型和设计要求

屋顶是房屋的重要组成部分，也是房屋上部的外围护构建，其作用主要表现为：围护、防水、保温、隔热、承重、美观等。屋顶的组成主要包括起围护作用的屋面（面层）、起支撑作用的结构（结构层）、顶棚及附加层，如图 2.58 所示。

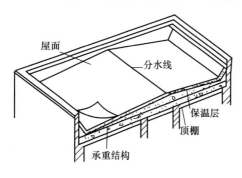

图 2.58　屋顶的组成示意图

按屋面材料划分：钢筋混凝土屋顶、瓦屋顶、卷材屋顶、金属屋顶、玻璃屋顶。

按结构类型划分：平面结构（梁板结构、屋架结构）、空间结构（折板、壳体、网架、悬索、薄膜等）。

按外观形式划分：平屋顶（图 2.59）、坡屋顶（图 2.60）、曲面屋顶（图 2.61）。

平屋顶也应有一定的排水坡度，一般把坡度小于 5% 的屋顶称为平屋顶，一般设计成 2%～3% 的坡度。

坡屋顶的屋面防水材料多为瓦材，坡度一般为 20°～30°。结构大多数为屋架支撑的有檩体系，较平屋顶受力复杂。坡屋顶的结构应满足建筑形式的要求。

挑檐

女儿墙

挑檐女儿墙

盝顶

图 2.59　平屋顶

根据屋顶的作用及组成，我们在设计时应考虑如下要求：

（1）功能要求：防水、保温、隔热。

（2）结构要求：承重。

（3）建筑艺术要求：美观。

（4）其他要求：自重轻、构造简单、施工方便、造价经济。

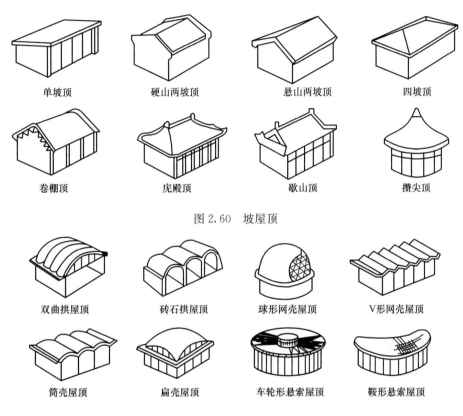

单坡顶　硬山两坡顶　悬山两坡顶　四坡顶

卷棚顶　庑殿顶　歇山顶　攒尖顶

图 2.60　坡屋顶

双曲拱屋顶　砖石拱屋顶　球形网壳屋顶　V形网壳屋顶

筒壳屋顶　扁壳屋顶　车轮形悬索屋顶　鞍形悬索屋顶

图 2.61　曲面屋顶

2）屋面排水

（1）排水方式

屋顶排水方式分为无组织排水和有组织排水两类。

①无组织排水

无组织排水又称自由落水，如图 2.62 所示，指屋面雨水自由地从檐口落至室外地面。自由落水构造简单，造价低廉，缺点是自由下落的雨水会溅湿墙面。这种方法适用于低层或少雨地区建筑，标准较高的低层建筑或临街建筑都不宜采用。

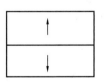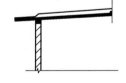

图 2.62　无组织排水示意图

②有组织排水

有组织排水是通过排水系统，将屋面积水有组织地排至地面。具体是把屋面划分成若干排水区，使雨水有组织地排到天沟与檐沟中，经水落管排至室外地面，最后排往市政地下排水管网系统。

有组织排水又包括内排水和外排水，屋顶排水方式的选择应综合考虑结构形式、气候条件、使用特点，并应优先选择外排水。

内排水：如图2.63（a）所示，水落管在室内。主要用于多跨房屋、高层建筑以及寒冷地区水落管易发生冰冻堵塞的建筑。

外排水：水落管在室外。通常有檐沟外排水、女儿墙外排水和女儿墙檐沟外排水几种方案，如图2.63（b）、图2.63（c）、图2.63（d）所示。

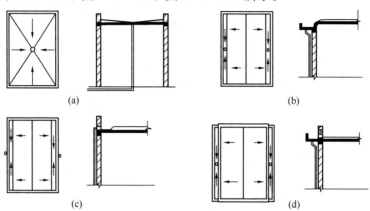

（a）　　　　　　　　　（b）

（c）　　　　　　　　　（d）

图 2.63　有组织排水方案

（a）内排水；（b）檐沟外排水；（c）女儿墙外排水；（d）女儿墙檐沟外排水

（2）屋面坡度及形成方式

①影响屋面排水坡度的因素

a. 屋面材料的种类、尺寸，如图2.64所示。

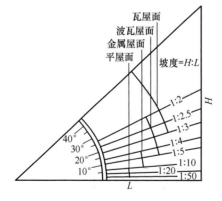

图 2.64　屋面材料与排水坡度

b. 建筑物所在地区的降雨量、降雪量的大小。

c. 屋面排水路线的长短。

d. 是否有上人活动要求。

e. 其他功能的要求。

②屋顶坡度的表示方法

如图2.65所示，屋顶坡度的表示方法有以下几种：

a. 高跨比。高度尺寸与跨度的比值。如高跨比为 $1:4$ 等。

b. 角度法。高度尺寸与水平线所形成的斜线与水平线之间的夹角，常用"α"作标记，如 $\alpha=26°34'$、$45°$等。

c. 坡度法。高度尺寸与水平尺寸的比值，常用"i"作标记，如 $i=5\%$、25%等。

③坡度形成方式

如图2.66所示，屋顶坡度的形成主要有垫置坡度和搁置坡度两种：

a. 垫置坡度。垫置坡度也称材料找坡或填坡。在屋顶结构层上用轻质的材料（如焦渣混凝土、石灰炉渣）来垫置坡度，其坡度不宜过大。

b. 搁置坡度。搁置坡度也称结构找坡或撑坡。屋顶结构层根据排水坡度搁置成倾斜，再铺设防水层。

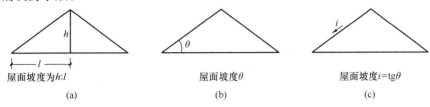

图 2.65 屋顶坡度的表示方法

（a）高跨比法；（b）角度法；（c）坡度法

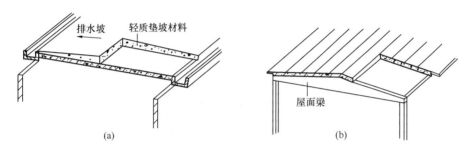

图 2.66 坡度形成方式示意图

（a）垫置坡度；（b）搁置坡度

3）屋面防水

屋面防水主要为"导"与"堵"，所谓导，就是按照屋面防水的不同要求，设置合理的排水坡度，使得降于屋面的雨水因势利导地排离屋面，以达到防水的目的；所谓堵，就是利用屋面防水盖料在上下左右相互搭接，形成一个封闭防水覆盖层，以达到防水的目的。屋顶形式不同，防水的做法也不完全相同，后面以平屋顶和坡屋顶两种形式分别作具体介绍。

2. 平屋顶

1）平屋顶的构造组成

如图 2.67 所示，平屋顶一般由面层（防水层）、结构层、保温隔热层和顶棚层等主要部分组成，还包括保护层、结合层、找平层、隔气层等。

2）平屋顶的防水

（1）平屋顶的排水组织

①汇水区域的划分。划分汇水区域的目的是保证能较均匀合理地布置雨水管，一个汇水区域的面积一般不超过一个雨水管所能担负的排水量。

②排水坡面数。排水坡数的确定与建筑物进深尺寸、屋面面积大小及建筑物所处的位置等因素有关。

③天沟断面大小和天沟纵坡的坡度值。天沟是屋面上的排水沟，在檐口处称檐沟。天沟的功能是汇积雨水，使之迅速排除。沟底沿长度方向设纵向排水坡，简称天沟纵坡。天沟纵坡度不宜小于1%。

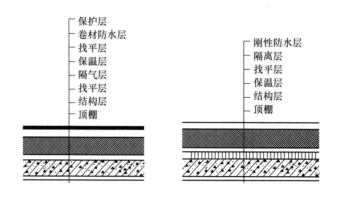

图 2.67　平屋顶的构造

(a) 卷材防水屋面；(b) 刚性防水屋面

④雨水管的设定。如表 2.3 所示，雨水管应布置均匀，充分发挥其排水能力。每一屋面或天沟，一般不应少于两个排水口，一般根据汇水区域的划分确定雨水管设置的数量。

表 2.3　两个雨水口间的距离

外排水		内排水	
有外檐天沟	无外檐天沟	明装雨水管	暗装雨水管
24	15	15	15

（2）卷材防水屋面

卷材防水屋面又称柔性防水屋面，将柔性防水卷材或片材用胶结材料粘贴在屋面基层上，形成一个大面积的封闭的防水覆盖层，又称柔性防水。卷材防水屋面具有一定的延展性，能适应屋面和结构的温度变形。

①卷材防水屋面常用材料

a. 卷材。卷材常用的有沥青防水卷材，如纸胎沥青油毡、玻璃纤维胎沥青油毡、麻布胎沥青油毡；合成高分子防水卷材，如聚氯乙烯、氯丁橡胶、三元乙丙橡胶；高聚物改性沥青卷材，如 APP 改性沥青卷材。其合成高分子防水卷材和高聚物改性沥青卷材的优点是重量轻、适用温度范围广、抗拉强度高、延伸率大、冷施工、操作简便、寿命长、减少环境污染等。

b. 基层处理剂。基层处理剂是为了增强防水材料与基层之间的粘结力，在防水层施工之前，预先涂刷在基层上的涂料。常用的基层处理剂有冷底子油及与各种高聚物改性沥青卷材和合成高分子卷材配套的底胶。

c. 胶粘剂。用于沥青卷材的胶粘剂是沥青胶（玛琋脂）；用于高聚物改性沥青卷材和合成高分子卷材的胶粘剂主要是各种与卷材配套使用的胶粘剂，如改性沥青胶粘剂和合成高分子胶粘剂等。

②卷材防水屋面构造做法

a. 找平层。卷材防水要求铺在坚固平整的基层上，以防止卷材凹陷和断裂，因此，在松散材料上和不平整的楼板上应设找平层。找平层一般用 20～30mm 厚、1∶2.5～

1：3 的水泥砂浆。找平层宜留分格缝，缝宽宜为 20mm 并嵌填密封材料，分格缝作为排气层的排气道时，可适当加宽并应与保温层相通。其纵横间距不宜大于 6m。

b. 防水层。由防水卷材和相应的卷材粘结剂分层粘结而成，层数或厚度由防水等级确定。具有单独防水能力的一个防水层次称为一道防水设防，如高分子防水卷材多数只需要一道防水设防。

卷材防水需要注意卷材搭接长度和方法。其不同卷材搭接长度见表 2.4，卷材接缝构造如图 2.68 所示。

表 2.4　卷材搭接宽度

搭接方向	短边搭接宽度（mm）		长边搭接宽度（mm）	
卷材种类　　　　铺贴方法	满粘法	空铺法、点粘法、条粘法	满粘法	空铺法、点粘法、条粘法
沥青防水卷材	100	150	70	100
高聚物改性沥青防水卷材	80	100	80	100
合成高分子防水卷材　粘贴法	80	100	80	100
合成高分子防水卷材　焊接法	50			

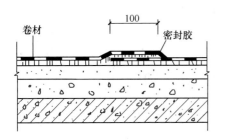
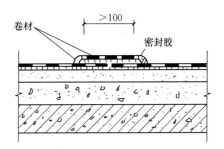

图 2.68　卷材接缝构造

c. 保护层。屋面保护层需要考虑卷材类型和屋面是否作为上人活动空间。如不上人屋面的沥青类卷材防水层的保护层一般沥青胶粘直径 3～6mm 的绿豆砂，高聚物改性沥青防水卷材或合成高分子卷材防水层一般用铝箔面层、彩砂及涂料等做保护层；对于上人屋面，一般在防水层上浇筑 30～50mm 厚细石混凝土层，或水泥砂浆面层，或砂垫层铺地砖，如图 2.69 所示。

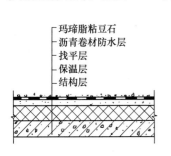
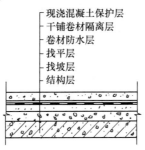
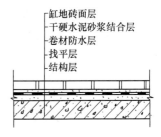

图 2.69　卷材防水屋面保护层

③卷材防水屋面细部构造

a. 檐口。无组织排水挑檐的檐口需要注意防水层做好收头、密封处理，有组织排水檐口的天沟也应解决好卷材收头及与屋面交界处的防水处理。柔性防水屋面的檐口构造有无组织排水挑檐（图 2.70）、挑檐檐沟排水（图 2.71）、女儿墙挑檐檐沟排水（图 2.72）、女儿墙外排水（图 2.73）等形式。

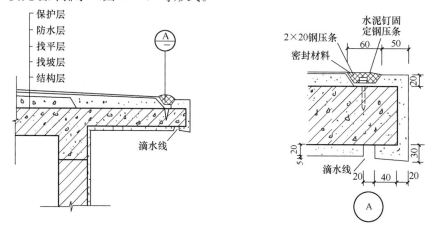

图 2.70　无组织排水挑檐节点详图

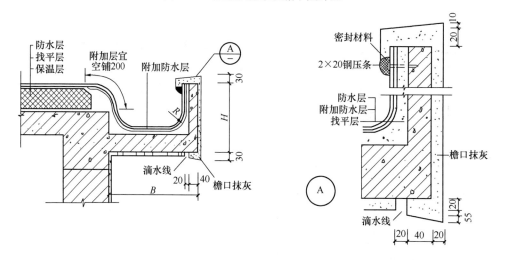

图 2.71　挑檐檐沟节点详图

b. 泛水。泛水是指屋面防水层与垂直墙面或出屋面竖向构件相交处的防水处理。如图图 2.74 所示，卷材防水屋面的泛水处理是将屋面的卷材防水层继续铺至垂直面上，形成卷材泛水，并加铺一层卷材，泛水高度≥250mm；屋面与垂直面交接处应将卷材下的砂浆找平层抹成直径 $R \geqslant 150$mm 的圆弧形或 45°斜面（又称八字角）防止卷材被折断，同时注意卷材收头。

除了以上所述，还应注意雨水口（图 2.75）、出屋面管道（图 2.76）、屋面出入口处的详图构造（图 2.77）等。

（3）涂膜防水屋面

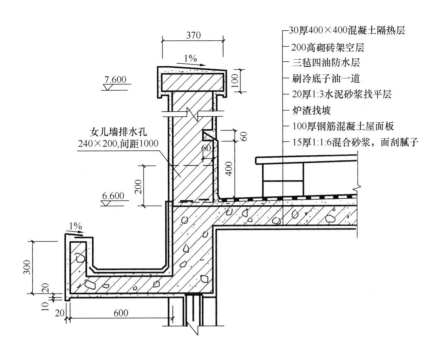

图 2.72 女儿墙挑檐檐沟节点详图

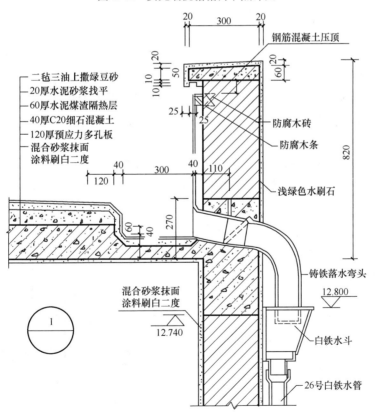

图 2.73 女儿墙外排水檐口节点详图

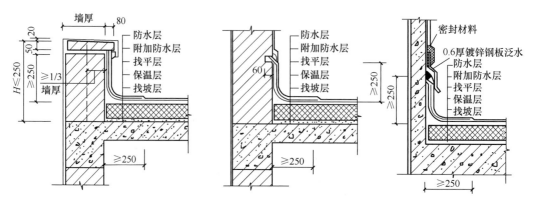

图 2.74　泛水节点详图

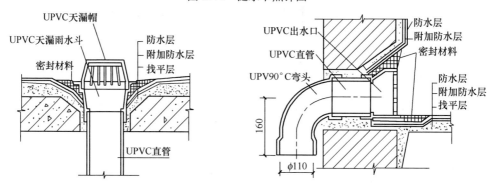

图 2.75　雨水口节点详图

　　涂膜防水屋面是靠直接涂刷在基层上的防水涂料固化后形成有一定厚度的膜来达到防水的目的。涂膜防水的防水性能好、粘结力强、延伸性大，并且耐腐蚀、耐老化、无毒、冷作业、施工方便，已广泛用于建筑各部位的防水工程中。

　　涂膜防水屋面根据其材料不同可分为氯丁胶乳沥青防水涂料屋面、焦油聚氨酯防水涂料屋面、塑料油膏防水屋面。涂膜防水主要适用防水等级为Ⅲ、Ⅳ级的屋面防水，也可用作Ⅰ、Ⅱ级屋面多道防水设防中的一道防水。

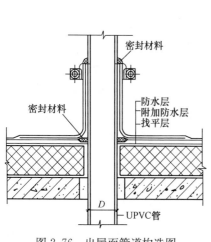

图 2.76　出屋面管道构造图

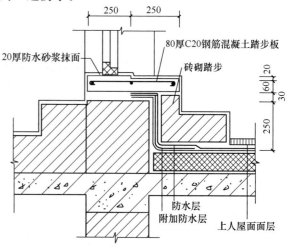

图 2.77　屋面出入口处节点构造

涂膜防水屋面的构造图如图 2.78 所示，其保护层材料一般为细砂、云母、蛭石、浅色涂料、水泥砂浆或块材，涂膜防水屋面的细部构造与卷材防水构造基本相同，可参考卷材防水的节点构造图。

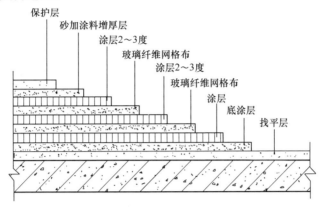

图 2.78　涂膜防水层的构造示意图

（4）刚性防水屋面

刚性防水屋面是以防水砂浆或防水细石混凝土等刚性材料作为防水层的屋面。其优点是耐久性好、维修方便、造价低；缺点是密度大、抗拉强度低、对温度及结构变形敏感、易产生裂缝渗水，施工技术要求高；主要适用于防水等级为Ⅲ级的屋面防水，Ⅰ、Ⅱ级防水中的一道防水层；不适用于设有松散材料保温层及受较大振动或冲击荷载的建筑屋面。刚性防水屋面坡度宜为 2%～3%，并应采用结构找坡。

①刚性防水屋面的构造

如图 2.79 所示，刚性防水屋面的构造层次一般包括防水层、隔离层、找平层、结构层等。刚性防水材料多为防水混凝土（如普通细石混凝土、外加剂混凝土）。

a. 防水层。厚度不应小于 40mm，配置 $\phi4～\phi6$ 间距为 100～200mm 双向钢筋，其保护层厚度不应小于 10mm。

b. 隔离层。其作用是将防水层和结构层两者分离，以适应各自的变形，从而避免由于变形的

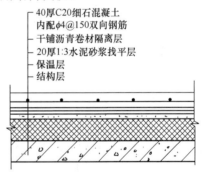

图 2.79　刚性防水屋面的构造

相互制约造成防水层或结构部分破坏，隔离层一般铺设在找平层上。隔离层的材料多为沥青、纸筋灰、干铺卷材等。

c. 找平层。在屋面板上做 20mm 厚 1：3 水泥砂浆找平层。

②刚性防水层细部构造

a. 分格缝。分格缝也称分仓缝，是在刚性防水层上预先留设的缝。其作用是将大面积整体浇筑混凝土防水层分割成可以独立变形的单元，防止刚性防水层热胀冷缩引起的裂缝和屋面板产生挠曲变形引起的防水层开裂。

分格缝位置应设在结构变形的敏感部位，如屋面转折处、防水层与突出屋面结构的

交接处、双坡屋面的屋脊处等。

分格缝构造如图 2.80 所示，防水层内的钢筋在分格缝处应断开，纵横间距不大于 6m，分格缝应贯穿屋面找平层及刚性保护层，缝宽宜为 20～40mm，缝中应嵌入浸过沥青的木丝、油麻丝等填充密封材料，缝口表面用防水卷材铺贴盖缝。

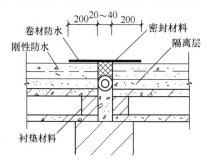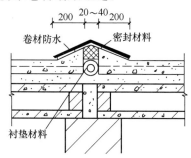

图 2.80　分格缝节点详图

b. 檐口。如图 2.81 所示，刚性防水屋面常用的檐口形式有自由落水檐口、挑檐沟外排水檐口、女儿墙外排水檐口等。

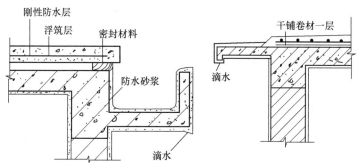

图 2.81　檐口构造示意图

c. 泛水。刚性防水屋面的泛水是将刚性防水层直接引伸到垂直墙面，且不留施工缝。其构造做法是泛水应有足够的高度，一般不小于 250mm，刚性防水层与垂直墙面之间须设分隔缝，另铺贴附加卷材盖缝，缝内用沥青麻丝等嵌实，如图 2.82 所示。

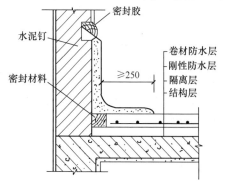

图 2.82　泛水节点构造示意图

3）平屋顶的保温

（1）保温材料的选择

①散料类：炉渣、矿渣等工业废料，及膨胀陶粒、膨胀蛭石和膨胀珍珠岩等。

②整体类：以散料类保温材料为骨料，掺入一定量的胶结材料，现场浇筑而形成的整体保温层，如水泥炉渣、水泥膨胀珍珠岩及沥青蛭石、沥青膨胀珍珠岩等。

③板块类：由工厂预先制作成的板块类保温材料，如预制膨胀珍珠岩、膨胀蛭石以及加气混凝土、聚苯板、挤塑板等块材或板材。

（2）平屋顶的保温层的构造

如图 2.83 所示，根据保温层在屋顶各层次中的位置有如下几种设置方式：

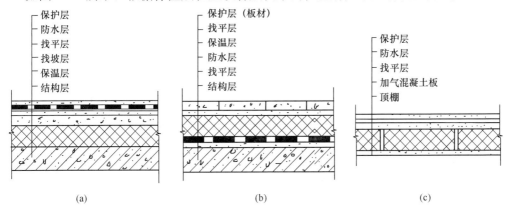

(a)　　　　　　　　　(b)　　　　　　　　　(c)

图 2.83　平屋顶的保温层的设置方式

（a）正铺法；（b）倒铺法；（c）复合结构

①正置式。将保温层设在结构层之上、防水层之下，从而形成封闭式保温层的一种屋面做法，目前广泛采用。

②倒置式。将保温层设置在防水层之上，从而形成的敞露式保温层屋面做法。

③将保温层与结构层组成复合结构。保温层与结构层组成复合板，如将硬质聚氨酯泡沫塑料现场喷涂形成防水保温合一的屋面（硬泡屋面）。

（3）保温层的保护

在室内湿气大的建筑，如浴室、厨房的蒸煮间，通常要在保温层之下先做一道隔汽层。隔汽层的做法是在结构层上做找平层，涂一层沥青，或铺一毡两油或二毡三油。

如图 2.84 所示，为了防止室内水蒸气渗入到保温层中以及施工过程中保温层和找平层中残留的水在保温层中影响

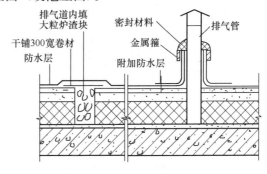

图 2.84　排气道与排气口构造

保温层的保温效果，可设置排气道和排气孔。找平层在相应位置应留槽作排气道，并在整个屋面纵横贯通，排气道内用大粒径炉渣或粗质纤维填塞。排气道间距宜为 6m，屋面面积每 36m² 宜设一个排气孔。排气道上口干铺油毡一层，用玛琋脂单边点贴覆盖。

（4）几种新型的保温层构造

①硬质聚氨酯泡沫塑料保温屋面。由液体聚氨酯组合料直接喷涂在屋面板上，使硬质聚氨酯泡沫塑料固化后与基层形成无拼接整体保温层。

②饰面聚苯板保温屋面。用聚苯乙烯泡沫塑料做保温层，其下用 BP 胶粘剂与屋面基层粘结牢固，其上面抹用 ST 水泥拌制的水泥砂浆，形成硬质表面，并作为找平层，然后便进行上部防水施工。

③水泥聚苯板保温屋面。由聚苯乙烯泡沫塑料下脚料及回收的旧包装破碎的颗粒，

加入适量水泥、EC 起泡剂和 EC 胶粘剂，经成形养护而成的板材。

4）平屋顶的隔热降温

隔热降温就是尽量减少直接作用于屋顶表面的太阳辐射能，并减少屋面热量向室内散发。

（1）屋顶通风隔热

①架空通风隔热

架空通风隔热间层设于屋面防水层上。如图 2.85 所示，架空层材料可以是预制混凝土板、筒瓦及各种形式的混凝土构件，如预制板、大阶砖。架空层的净空高度以180～240mm 为宜，不超过 360mm。如图 2.86 所示，对于女儿墙屋面，架空层不宜沿屋面满铺，应在边缘留进风口和出风口。宽度较大的屋面在屋脊处应设通风桥。

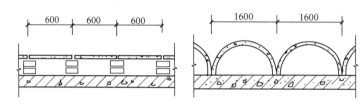

图 2.85　架空通风隔热构造示意图

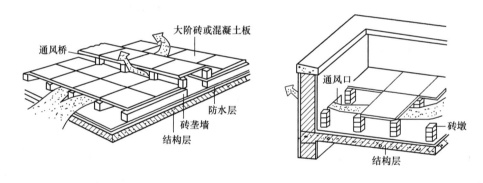

图 2.86　通风桥与通风口示意图

②吊顶通风隔热

如图 2.87 所示，利用顶棚与结构层之间的空气间层，通过在外墙上开设通风口使内部空气流通，带走屋面传导下来的热量。

（2）屋顶蓄水种植隔热

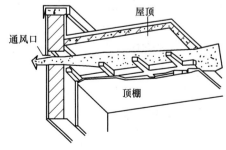

图 2.87　吊顶通风隔热图示意图

如图 2.88 所示，蓄水种植隔热屋面是将一般种植屋面与蓄水屋面结合起来，进一步完善其构造后所形成的一种新型隔热屋面。

（3）反射降温隔热

利用材料的颜色和光滑提高屋顶反射率而达到降温的目的。屋面上采用浅色的砾石铺面或在屋面上涂刷一层白色涂料或粘贴云母等，并在架空通风层中加设一层铝箔反射层，见

图 2.89。

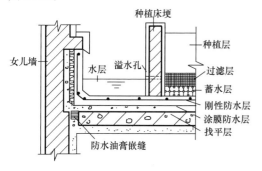

图 2.88 屋顶蓄水种植隔热示意图　　图 2.89 屋顶反射降温隔热示意图

3. 坡屋顶

1) 坡屋顶的形式及组成

（1）坡屋顶的形式

坡屋顶是一种沿用较久的屋面形式，种类繁多，多采用块状防水材料覆盖屋面，故屋面坡度较大，根据材料的不同坡度可取 10%～50%，根据坡面组织的不同，坡屋顶形式主要有单坡、双坡及四坡等，见图 2.60。

（2）坡屋顶的组成及各部分的作用

如图 2.90 所示，坡屋顶一般由承重结构、屋面面层两部分组成，根据需要还可设置顶棚、保温层。

①承重结构。主要承受屋面各种荷载并传到墙或柱上，一般有木结构、钢筋混凝土结构、钢结构等。

②屋面。是屋顶上的覆盖层，包括屋面盖料和基层。屋面材料有平瓦、油毡瓦、波形水泥石棉瓦、彩色钢板波形瓦、玻璃板、PC 板等。

图 2.90 坡屋顶的组成

③顶棚。屋顶下面的遮盖部分，起遮蔽上部结构构件、使室内平整、改变空间形状及其保温隔热和装饰作用。

④保温、隔热层。起保温隔热作用，可设在屋面层或顶棚层。

2) 钢筋混凝土瓦屋面的构造

瓦有平瓦、小青瓦、石棉水泥瓦等。适宜排水坡度为 20%～50%，坡度大于 50% 时需要采取固定和防滑落的措施。下面以平瓦屋面的构造为例作讲解，其他瓦屋面可参照其构造设计。

（1）屋面做法

将钢筋混凝土板既作为结构层又作为屋面基层，上面盖瓦。瓦的铺设可以根据屋面坡度选用窝瓦或挂瓦。如图 2.91 所示，窝瓦就是在屋面板上抹水泥砂浆或石灰砂浆将瓦粘结；挂瓦就是坡度较大屋顶用挂瓦条挂瓦，构造做法是钢筋混凝土屋面板上用水泥钉钉挂瓦条，平瓦钻孔用双股铜丝绑于挂瓦条上，瓦下坐混合砂浆。

（2）檐口构造

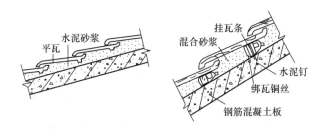

图 2.91　混凝土屋面板铺瓦

檐口按位置可分为纵墙檐口和山墙檐口。

①纵墙檐口

如图 2.92 所示，纵墙檐口根据排水的要求可做成有自由落水和组织排水两种。

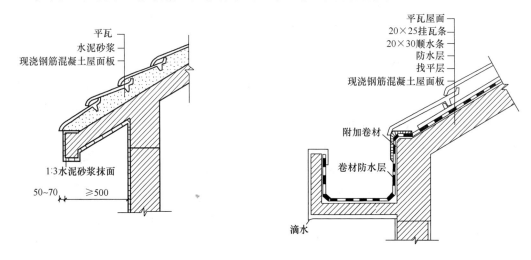

图 2.92　纵墙檐口

②山墙檐口

a. 山墙挑檐（悬山）。钢筋混凝土板出挑，将平瓦锯成半块压顶作为山墙檐边，并用 1∶2.5 水泥砂浆抹成高 80～100mm、宽 100～120mm 的封边，称"封山压边"或瓦出线，如图 2.93（a）所示。

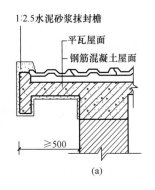

(a)

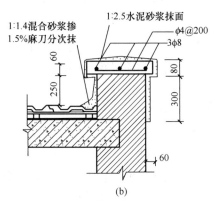

(b)

图 2.93　山墙檐口
（a）悬山；（b）硬山

b. 山墙封檐。山墙封檐又分硬山和出山。硬山就是屋面和山墙平齐或挑一二皮砖，用水泥砂浆抹瓦出线，如图 2.93（b）所示；出山就是将山墙高出屋面，且高度达 500mm 以上者叫出山，需在山墙与屋面交接处做泛水。

（3）屋脊和天沟

如图 2.94 所示，平瓦屋面的屋脊可用 1：1：4（水泥：石灰：砂子）混合砂浆铺贴脊瓦。钢筋混凝土屋面的天沟需在沟内做防水层。

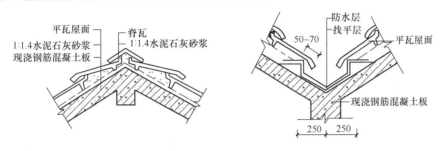

图 2.94　屋脊和天沟

（4）斜屋顶窗

坡屋顶建筑中往往利用上部空间作房间，称为阁楼，阁楼上设斜屋顶窗进行采光和通风。斜屋顶窗本身应做好防水、排水外，更要做好洞口周围与屋面之间的防水，如图 2.95 所示。

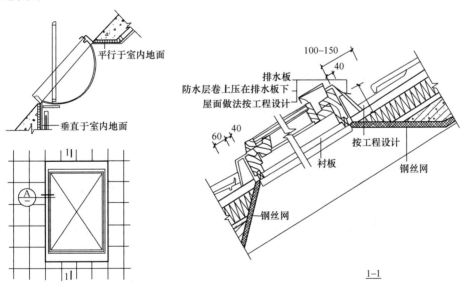

图 2.95　斜屋顶窗

3）油毡瓦屋面

油毡瓦是以玻璃纤维为胎基经浸涂石油沥青后，面层热压各色天然彩砂，背面撒以隔离材料制成的瓦状片材。瓦的形状有方形和圆形，尺寸为 1000mm×333mm，厚度＞2.8mm，如图 2.96（a）所示。油毡瓦屋面适用于坡度大于 20% 的屋面。

（1）油毡瓦的铺设

①油毡瓦在木板基层上的铺设

基层上先铺一层玻璃纤维油毡，从檐部往上用油毡钉铺钉，钉帽应在垫毡下，垫毡搭接宽度不应小于 50mm，接缝用 LQ-冷玛脂粘结，油毡瓦先用 LQ-冷玛脂粘结后，再用油毡钉固定。

②油毡瓦在混凝土基层上的铺设

油毡瓦可直接铺于找平层上，也可在基层上先用改性沥青卷材作为防水层，再将油毡瓦热粘在防水层上，压实后用水泥钉固定，如图 2.96（b）所示。

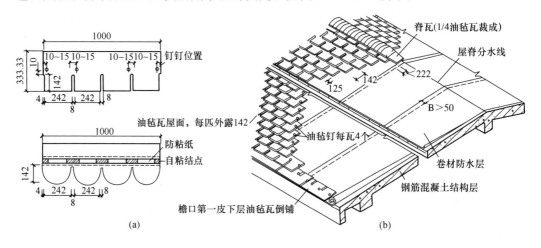

图 2.96　油毡瓦的铺设

（2）油毡瓦屋面的细部构造

①檐口

自由落水檐口：油毡瓦要伸出封檐板 10～20mm，首排应加倒铺油毡瓦一层，如图 2.97（a）所示。天沟排水檐口：油毡瓦要深入沟内 10～20mm，如图 2.97（b）所示。

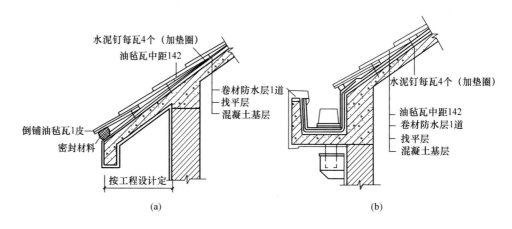

图 2.97　油毡瓦屋面檐口构造

②屋脊

铺设屋脊时，应将油毡瓦沿切槽剪开，分成 4 块作为脊瓦，每块用两个油毡钉固定在屋脊线两侧，并应搭盖住坡面瓦接缝的 1/3。脊瓦与脊瓦的压盖不应小于脊瓦面积的

1/2，并需顺应全年主导风向搭接，如图 2.98 所示。

③泛水

如图 2.99 所示，在泛水处，油毡可沿基层与山墙的八字坡铺贴，高度不小于 250mm，铺贴前先做卷材防水附加层，墙面上用镀锌钢板覆盖收头部位，镀锌钢板用钉固定在墙内木砖上或直接用水泥钉钉在墙上，上口与墙之间的缝隙用密封材料封严。

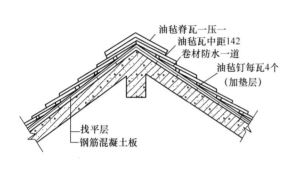

图 2.98 油毡瓦屋面屋脊铺设图　　　　图 2.99 油毡瓦屋面泛水构造

4）金属结构坡屋顶

以型钢或铝合金作为承重结构，上面铺设各种采光板、金属瓦或金属压型屋面板，在园林建筑中，铺设材料多应用各种采光板，也叫透光屋面，透光屋面按覆盖材料可分为玻璃屋面和 PC 面板屋面等。

（1）玻璃屋面

玻璃屋面以金属材料为承重骨架、玻璃板为覆盖材料。骨架常用有普通型钢和铝合金型材。连接件有不锈钢、电镀及其他防锈处理的连接件。密封材料一般用氯丁橡胶密封条。玻璃板有平板玻璃、夹丝玻璃、夹胶玻璃、中空玻璃、钢化玻璃、热反射镀膜玻璃、低辐射镀膜玻璃等。玻璃顶可以采用单坡、双坡、锥顶及弧形顶等形式，屋顶坡度一般为 33%～50%。如图 2.100（a）所示，在此主要介绍铝合金玻璃屋面的基本构造。

铝合金具有质量轻、耐腐蚀、色泽美观、易加工等优点，用它作为骨架结构一般不用再装修。铝合金为银白色，也可制成各种不同颜色，如古铜色、暗红色、黑色等。

铝合金玻璃屋面的基本构造：

檐口及在屋脊上（纵向）的拼接构造，见图 2.100（b）；

玻璃屋面屋脊构造，见图 2.100（c）；

玻璃屋面在山墙处的收头处理及在平行屋脊上（横向）的拼接，见图 2.100（d）；

玻璃屋面与玻璃幕墙的连接，见图 2.100（e）。

（2）PC 板屋面

PC 板屋面也称阳光板，是以聚碳酸酯为原料，掺入高聚物专用紫外线吸引剂，用共压技术成型的新型节能透光材料。PC 板类型有实心板（耐力板）、中空板（卡布隆）及波形板三种，其颜色有透明、茶色、黄色、绿色等。PC 屋面可采用普通型钢、铝合金型材骨架，板的拼装中应用专用密封条，并用硅酮胶做二次防水。其 PC 板屋面细部构造与玻璃屋面相似。

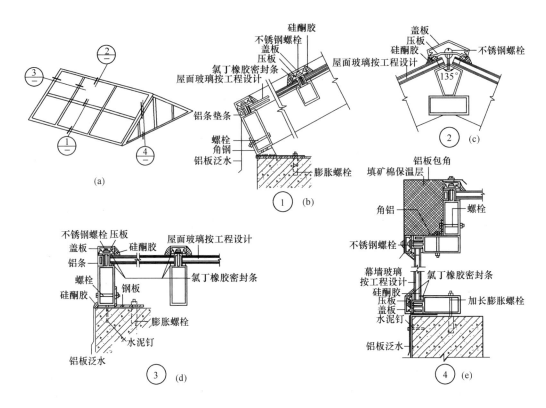

图 2.100　铝合金玻璃屋面构造

5）坡屋顶的保温与隔热

（1）坡屋顶的保温

①钢筋混凝土结构坡屋顶

在屋面板下用聚合物砂浆粘贴聚苯乙烯泡沫塑料板保温层，见图 2.101（a）。

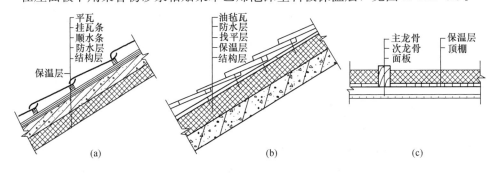

图 2.101　钢筋混凝土结构屋顶保温构造

在瓦材和屋面板之间铺设一层保温层，见图 2.101（b）。

在顶棚上铺设保温材料，如纤维保温板、泡沫塑料板、膨胀珍珠岩等，见图 2.101（c）。

②采光屋顶的保温

可采用中空玻璃或 PC 中空板，以及用内外铝合金中间加保温塑料的新型保温型材作为骨架。

（2）坡屋顶的隔热

①通风隔热

通风隔热要在结构层下做吊顶，并在山墙、檐口或屋脊等部位设通风口（图2.102）；或在屋面上设老虎窗；也可利用吊顶上部的大空间组织穿堂风。

②材料隔热

通过改变屋面材料的物理性能实现隔热，如提高金属屋面板的反射效率，采用低辐射镀膜玻璃、热反射玻璃等。

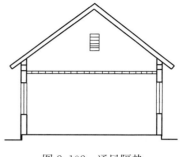

图2.102　通风隔热

二、职业活动训练——园林建筑（茶室）屋面排水及节点设计

1. 承担设计任务

（1）能根据单元二项目一、项目二所完成的建筑平面施工图、详图等相关图纸与资料完成屋顶平面图、建筑剖面图、部分节点详图的设计与绘制。

（2）砖混结构，层高3.0m，顶层屋顶不上人。

（3）砖块尺寸为240mm×115mm×53mm，内外墙厚度均取240mm，轴线居中。

（4）现浇钢筋混凝土楼板、现浇过梁。

（5）屋顶的形式、排水方式、防水层的做法根据条件由学生自行确定。

2. 研究与分析

1）确定屋面坡度的形成方法和坡度大小

屋面坡度可做成四坡水屋面（图2.103）或二坡水屋面（图2.104）。四坡水屋面沿屋面四周设置檐沟。二坡水屋面沿屋顶纵向两侧设置檐沟。当屋面跨度不大时，平屋顶屋面也可沿短跨方向设单侧找坡。

图2.103　四坡水　　　　　　　　　　　图2.104　二坡水

屋面坡度的形成方法有材料找坡和结构找坡。结构找坡适用于屋面进深较大（＞18m）的建筑，采用结构找坡不应小于3%；民用建筑的进深一般不大，所以一般均采用材料找坡，采用材料找坡宜为2%；卷材屋面的坡度不宜大于25%，当坡度大于25%时应采取固定和防滑落的措施。

2）确定排水方式

屋面排水方式分为有组织排水和无组织排水两类。在年降雨量小于或等于900mm的地区，檐口高度大于10m时，或年降雨量大于900mm的地区，当檐口高度大于8m

时，应采用有组织排水。在年降雨量小于或等于 900mm 的地区，檐口高度不大于 10m 时，或年降雨量大于 900mm 的地区，当檐口高度不大于 8m 时，可采用无组织排水。

3）排水区域的划分及坡度几何关系

（1）屋排水区域的划分

排水区域划分应尽可能规整，面积大小应相当，以保证每个水落管排水面积负荷相当。在划分排水区域时，每块区域的面积宜小于 200m²，以保证屋面排水通畅，防止屋面雨水积聚。划分排水区域时，要考虑到雨水口设置位置。雨水口设置位置要注意尽量避开门窗洞口和入口的垂直上方位置，一般设置在窗间墙部位。雨水口间距一般 18～24m，民用建筑水落管间距以 12～16m 适合。

（2）屋面排水找坡几何关系

①有挑檐平屋面（图 2.105）：设檐沟外排水，周边檐口要在同一水平位置，可为四面排水找坡，相同坡度相交分水线居中，斜脊线为 45°，即 1：1 的关系。

②无挑檐平屋面（图 2.106）：设女儿墙外排水，屋面周边高度可以不同，如为单面找坡，檐沟纵坡为 1%，主坡面为 2%，其相交天沟线为 26.56°，即 2：1 的关系。

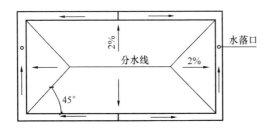

图 2.105　挑檐檐沟排水示意图

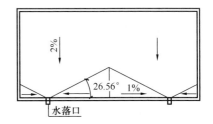

图 2.106　女儿墙外排水平面图

③屋面形状不规则（图 2.107）：为减小建筑找坡厚度，应根据排水方式和水落口位置，尽可能均衡坡长，当长坡坡度为 2%，如要求檐口在同一水平位置，短坡坡度必然大于 2%。

④错误示例及改进措施（图 2.108）

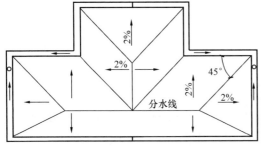

图 2.107　屋面均衡坡长示意图

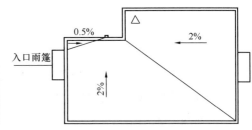

图 2.108　屋面排水找坡的几何关系（错误案例）

　　a. 相同坡度相交天沟线不成 45°；

　　b. 排水口不在天沟底部最低处，宜设置两个排水口；

　　c. 出现积水点△；

d. 檐沟纵坡小于1%。

⑤改进示意方案（图2.109）

a. 设置两个排水口；

b. 可减小屋面找坡厚度。

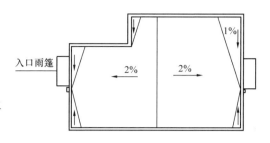

图2.109 屋面排水找坡的几何关系（修改方案）

4）确定檐沟的断面形状、尺寸以及檐沟坡度

檐沟一般采用出墙面的外挑形式，在确定断面形状时要考虑到檐沟对立面效果的影响。

目前，檐沟一般采用的形式多为现浇式。檐沟外壁高度一般在200～300mm，分水线处最小深度不小于120mm。由于檐沟对建筑立面效果影响较大，也可根据设计要求适当加高。檐沟净宽不小于200mm，悬挑出墙体部分的长度一般可取400～600mm。

檐沟纵向坡度不应小于1%，用石灰炉渣等轻质材料垫置起坡。沟底水落差不得超过200mm。檐沟不得流经变形缝和防火墙。

5）确定水落管所用材料、口径大小，布置水落管

水落管管材通常有铸铁、镀锌铁皮、塑料、PVC和陶瓷等。选择管材时，要结合经济效果、立面要求、当地材料供应情况和通常做法综合考虑。

民用建筑水落管常用管径有75mm、100mm、125mm等几种。选择水落管管径时，应根据汇水面积确定，一根水落管最大汇水面积宜小于200m²。如表2.5所示，列出了一根水落管最大汇水面积、小时降雨量与管径的关系。一般选用100mm管径的水落管。

水落管距离墙面不应小于20mm，其排水口距离水坡的高度不应大于200mm，水落管应用管箍与墙面固定，管箍最大间距不得超过1.2m。接头的承插长度不应小于40mm。水落管经过的带形线脚、檐口线等墙面突出部分处宜用直管，并应预留缺口或孔洞。当必须采用弯管绕过时，弯管的接合角应为钝角。

6）檐口、泛水、水落口和刚性屋面分格缝的节点设计

（1）檐口节点设计

①卷材防水屋面的天沟、檐沟应增铺附加层。当采用沥青防水卷材时应增设一层卷材；当采用高聚物改性沥青防水卷材或合成高分子防水卷材时宜采用防水涂膜增强层。

②天沟、檐沟与屋面交接处的附加层宜空铺，空铺宽度应为200mm。

③天沟、檐沟卷材收头应固定密封。

④无组织排水檐口800mm范围内卷材应采取满粘法；卷材收头应固定密封。檐口下端应作滴水处理。

表2.5 水落管最大汇水面积

降雨量（mm/h）	50		100		200	
管径（mm）	75	100	75	100	75	100
汇水面积（m²）	684	1116	342	558	171	279

（2）泛水节点设计

柔性防水屋面泛水构造要求：

①铺贴泛水处的卷材应采取满粘法。泛水收头应根据泛水高度和墙体材料确定收头密封形式。

　　a.墙体为砖墙时，卷材收头可直接铺压在女儿墙压顶下，用压顶条钉压固定并用密封材料密封严密，压顶应作防水处理；卷材收头也可压入凹槽内固定密封，凹槽距屋面找平层的高度不应小于250mm，凹槽上部的墙体也应作防水处理。

　　b.墙体为混凝土时，卷材的收头可采用金属压条钉压，并用密封材料封固。

②泛水处的隔热防晒措施，可在防水卷材面砌砖后抹水泥砂浆或浇筑细石混凝土保护，也可采用涂刷浅色涂料或粘贴铝箔保护。

③女儿墙、山墙可用现浇混凝土或预制混凝土压顶，也可用金属制品或合成高分子卷材封顶。

刚性防水屋面泛水构造要求：

①刚性防水层与山墙、女儿墙交接处应留宽度为30mm的缝隙，并应用密封材料嵌填；泛水处应铺设卷材或涂膜附加层。

②卷材或涂膜附加层的收头处理同柔性防水屋面要求。

（3）水落口节点设计

①水落口宜采用金属或塑料制品。

②水落口埋设标高，应考虑雨水口设防时增加的附加层和柔性密封层的厚度及排水坡度加大的尺寸。

③水落口周围直径500mm范围内坡度不应小于5％，并应用防水涂料涂封，其厚度不小于2mm。水落口与基层接触处应留宽20mm、深20mm凹槽，并用密封材料嵌填。

（4）刚性防水屋面分格缝节点设计

①分格缝的宽度宜为5～30mm。

②缝内嵌填密封材料，上部应设置保护层。

3. 设计图纸内容与深度

1）剖面图（1：100）

（1）承重墙定位轴线和编号。

（2）标注尺寸

　　总尺寸：坡屋顶为室外地平至檐口底部，平屋顶为室外地坪至女儿墙压顶上表面或檐口上表面；

　　定位尺寸：室外地坪到底层地面、底层地面到各层楼面、楼面到屋顶及檐口处（坡屋顶为顶棚底面）。门窗洞口及洞间墙段尺寸；

　　细部尺寸：指室内的门窗洞口及窗台高度、隔板、吊柜、壁合等高度，如每层相同，则只标一层即可。

　　（3）标高，包括楼地面、阳台面、室外地坪、檐口上表面、女儿墙压顶上表面、雨棚底面等处标高。

（4）画出室内固定设备、装饰以及室内外未被剖切部分的投影。

（5）剖面详图索引，如墙身节点、檐口节点、花格等。

（6）标注图名和比例

2）屋顶平面图（1∶200 或 1∶150）

（1）屋顶平面图上所有投影线均为细实线。

（2）画出屋面的排水方向、排水坡度及各坡面的分水线。

（3）表示出天沟、檐沟、泛水、出水口及水斗的位置、规格、材料说明或详图索引号。

（4）画出上人孔或出入口、出屋面的管道、烟囱、通风道及女儿墙等的位置、尺寸、材料作法或详图索引号（尽量采用当地标准图集作法）。

（5）标注有关尺寸：各转角部分定位轴线和间距；四周出檐尺寸。

（6）标出屋面各部分的标高（一般确定为屋面结构层的上表面）。

（7）图名、比例。

3）屋顶构造节点详图与大样（要求 3～4 个详图与大样）

（1）详图比例为 1∶20、1∶10、1∶50。

（2）大样比例为 1∶5、1∶2、1∶1。

（3）应选择与排水、防水、保温或隔热有关的主要节点详图与大样图，图中应正确表示出有关结构构件的位置、形状或建筑部分的构造关系，详细标注尺寸、材料、作法或标高等，并尽可能参考有关图集或资料。

单元三 园林单体建筑设计

项目一　亭、廊的设计

 学习目标：

掌握传统园林建筑亭、廊的基本构造、类型、功能，掌握该类建筑（包括传统园林建筑榭、舫）的选址、造型及设计要点，提高设计水平，增强图纸表达能力。

 能力标准：

能根据建筑场地设计成果及相关资料完成单体园林建筑（亭、廊）的初步设计，并根据初步设计图纸绘制施工图。

一、应知部分

园林建筑从功能上看，主要分为游憩性建筑、服务性建筑、园林建筑小品三大类，在游憩性建筑中，主要以亭、廊在园林中应用最为广泛。

1. 亭

1）亭的概述

亭，特指一种有顶无墙的小型建筑物，其功能主要表现在点景、观景、休憩、专用（如碑亭）等方面。亭在园林中是最常见的建筑物，中国的传统文化中，亭在古代文人心中占据有很高的地位，具备独特的审美视角。

亭的最大特色在于它的空与虚的特色，介乎于室内和室外的中间位置，使得人与自然最大可能地在室内的环境中亲密接触。所以苏东坡写诗称赞道："唯有此亭无一物，坐观万景得天全"。如图 3.1 所示，是中国四大名亭中的"爱晚亭"，该亭位于岳麓书院后青枫峡的小山上，八柱重檐，顶部覆盖绿色琉璃瓦，攒尖宝顶，内柱为红色木柱，外柱为花岗石方柱，天花彩绘藻井，很是优美。据唐代诗人杜牧《山行》而得名为"爱晚亭"，取"停车坐爱枫林晚，霜叶红于二月花"之诗意。四大名亭除了爱晚亭，还包括醉翁亭、陶然亭和湖心亭。

图 3.1　爱晚亭

2）亭的类型和特点

（1）按平面形态分类

①单体亭

最常见的是几何形亭，如正三角亭、正四角亭、正六角亭、正八角亭、长方形亭、圆形亭、异形亭。

此外还有为数不多的仿生形亭，如睡莲形亭、梅花形亭等。

a. 正多边形亭（图 3.2）

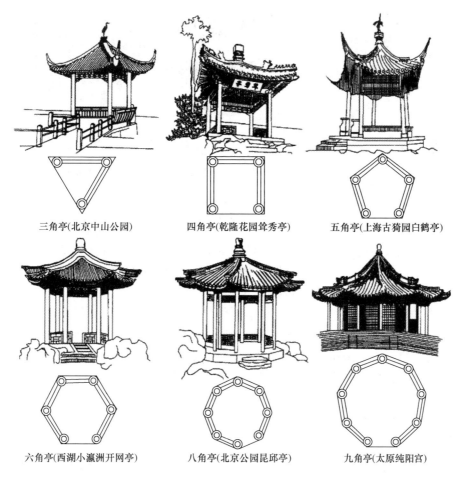

三角亭(北京中山公园)　　四角亭(乾隆花园耸秀亭)　　五角亭(上海古猗园白鹤亭)

六角亭(西湖小瀛洲开网亭)　　八角亭(北京公园昆邱亭)　　九角亭(太原纯阳宫)

图 3.2　正多边形亭

b. 圆形亭（图 3.3）

c. 异形亭（图 3.4）

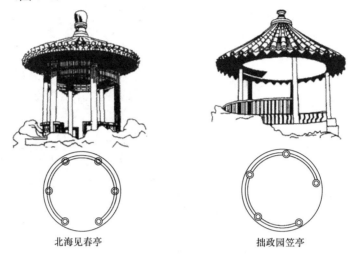

北海见春亭　　　　　　　　拙政园笠亭

图 3.3　圆形亭

北京北海扇面亭　　　　拙政园与谁同坐轩　　　苏州天平山更衣亭

图 3.4　异形亭

②半亭（角亭）

半亭一般依墙而建，其平面呈完整亭平面的一半，有的是从廊中挑出一跨，形成与廊结合的半亭，如图 3.5 所示；有的是在墙的拐角处或围廊的转折处做成 1/4 的角亭，使得墙的拐角活跃起来，如图 3.6 所示。

③组合式亭

组合式亭的一种情况，是两个或两个以上相似形体的组合，如图 3.7 所示的双亭；另一种情况，是一个主体和若干个体的组合，如彩图 11 所示的五亭桥。五亭桥建造在扬州瘦西湖上，好像湖的一根腰带，桥上建有五座亭子，故名五亭桥。该建筑很具特色，为扬州风景线的一个标志。

（2）按屋顶形式分类

①立面造型

a. 单层檐。如图 3.8 所示的绍兴"鹅池"三角碑亭，单层檐是亭中最常见的一种形式。

图 3.5　半亭　　　　　　　　　　　图 3.6　角亭

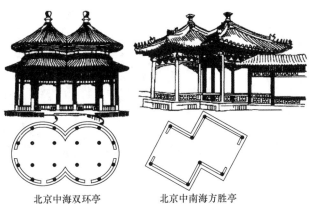

北京中海双环亭　　　　　北京中南海方胜亭　　　　　北京颐和园荟亭

图 3.7　双亭

b. 多层檐。由两层或两层以上屋檐所组成的亭子称为重檐亭，重檐亭如图 3.9 所示的北京颐和园内的廊如亭，多用在北方皇家园林中。

图 3.8　绍兴"鹅池"三角碑亭　　　　　图 3.9　北京颐和园里廊如亭

②亭顶形式

就亭顶而言，既有古代形式的攒尖顶、歇山顶、卷棚顶；也有现代形式的平顶、蘑菇顶等。

a. 攒尖顶亭。攒尖顶亭是最常见的形式，一般应用于正多边形和圆形平面的亭子上，如图 3.10 所示。

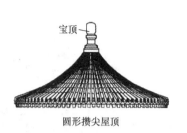

圆形攒尖屋顶

宝顶
垂脊

蝴蝶瓦攒尖屋顶

图 3.10　攒尖顶亭

c. 歇山顶亭（图 3.11）

d. 卷棚顶亭（图 3.12）

图 3.11　歇山顶亭

图 3.12　卷棚顶亭

（3）按建筑材料、风格分类

中国古典园林中的亭子材料大多是用木、竹、砖、石、青瓦、琉璃瓦、茅草建造的，而现代亭子除了用传统材料外，还运用了好多新材料，如混凝土、张拉膜、防腐木、塑木材料、玻璃以及 PC 板等，如彩图 12。

3）亭的设计要点

（1）亭的位置选择

亭的位置是亭设计的一个关键，应从主要功能出发，或点景、或赏景、或休息，应有明确的目的，再结合园林环境，因地制宜，发挥基址的特点。

图 3.13　小山设亭

①山地设亭

a. 小山设亭。小山设亭可建于山顶，以增加山顶的高度和体量，更能丰富山形轮廓，但不宜建在山形的几何中心线之顶，以防构图呆板，如图 3.13 所示。

b. 中型山设亭。如图 3.14 所示，中型山设亭宜在山脊、山腰或山顶设亭，应有足够体量，或成组设置，以取得与山形体量协调。

c. 大山设亭。如图 3.15 所示，大山设亭一般在山腰台地，或次要山脊设亭，亦可将亭设在山道坡旁。要避免视线受树木遮挡，并有合理的休息距离。

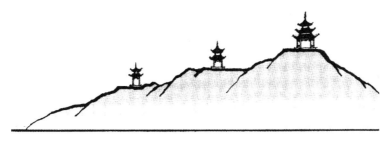

图 3.14 中型山设亭

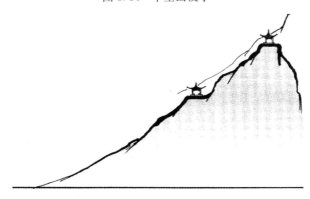

图 3.15 大型山设亭

②临水建亭

总体来说，临水建亭应尽量贴近水面，伸入水中，当然亭贴近水面的程度、距离驳岸的远近也应视水的消落幅度而定。如图 3.16 所示，小水建亭宜紧临水面，大水建亭可距水体驳岸远一些；其体量大小应适量考虑所临水体面域。在小岛上、湖心台基上、岸边石矶上临水设亭，体型宜小。

③平地建亭

应尽量结合山石、树木、水池等，形成各具特色的景观效果，通常位于道路的交叉口上、道路的一侧、林荫之间、花木山石之中，形成不同空间环境；也可在主要景区的前方、园墙之中、廊间重点或尽端转角处，用亭来点缀。

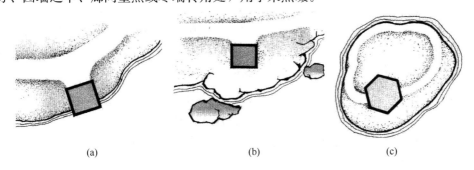

(a)   (b)   (c)

图 3.16 临水建亭
(a) 小水建亭；(b) 大水建亭；(c) 岛上建亭

(2) 亭的造型

亭的造型多种多样，但一般小而集中，向上独立而完整，玲珑而轻巧活泼，其特有的造型增加了园林景致的画意。亭的造型主要取决于其平面形状、平面组合及屋顶形式等，同时需要注意亭的色彩。在设计时要各具特色，不能千篇一律；要因地制宜，并从经济和施工角度考虑其结构。

在造型上要结合具体地形，自然景观和传统设计，与周围的建筑、绿化、水景等结合构成园中一景。

①正方形亭的运用

正方形具有严谨、规整的特点，故用于强调庄重、严肃的环境，更能体现其庄严的气氛。正方形不但图形严谨，且中心轴线明确，宜于布置在园林中轴线上，以强调其空间轴线中心。在规则式的园林环境中常设正方形平面的亭，以求协调统一。

②长方形亭的运用

长方形亭图案狭长，具有通过性与联系性的特点，故可作桥亭等通过性、联系性建筑。长方形亭平稳、开阔，有时亦适于在园林主轴线上作主体景物。

③扇形亭的运用

扇形平面两边均为曲边，很适于设在弯曲地段，如弯曲的池边、拐弯的道路等处。在墙角处也可布置扇形亭，直角墙与扇面亭之间形成小天井，更适于布置山石、花木，变生硬、呆板的墙角为精致、优雅的小院空间，以供游人品赏。

④六角、八角、圆形亭的运用

其形状上具多边、多向的性质，故可面对多方位的景物，多向观景。同样，亦可集纳多向视线于一体，故可建于多向视线交集处的山顶、湖心、小岛、突出水体的岸边、数条道路的交集点等。

⑤亭的色彩

要根据环境、风俗、地方特色、气候、爱好等来确定。由于沿袭历史传统，南方与北方不同，南方多以深褐色等素雅的色彩为主；而北方则受皇家园林的影响，多以红色、绿色、黄色等艳丽色彩为主，以显示富丽堂皇。在建筑物不多的园林中以淡雅的色调为主。

（3）亭的体量和比例

①亭的体量

亭的体量不论平面、立面都不宜过大过高，一般小巧而集中。亭的平面尺寸一般是四柱方亭宽宜控制在 2.7～3.6m，六角柱亭控制在 1.8～2.4m，八角亭总面宽控制在 3.6～4.5m。设计时，还应考虑具体情况来确定，如北京颐和园的廓如亭，为八角重檐攒尖顶，面积约 130m²，高约 20m，由内外三层 24 根圆柱和 16 根方柱支撑，亭体舒展稳重，气势雄伟，颇为壮观，与颐和园内部环境相协调。

另外，亭子的体量尺度应和其造型相适应，如图 3.17 所示。

②亭的比例

古典亭的亭顶、柱高、开间三者在比例上有密切关系，其比例是否恰当，对亭的造型影响很大。

一般情况下，亭子屋顶高度是由屋顶构架中每一步的举高来确定的。每一座亭子的每一步举高不同，即使柱高等下部完全相同，屋顶高度通常也不一样。在古典园林中，

图 3.17　亭子的尺度比较

南方亭屋顶高度大于亭身高度，而北方亭则反之。亭体量大小要因地制宜，根据造景的需要而定。

亭的部分构件之间比例关系如表 3.1 所示。

表 3.1　亭的部分构件之间比例

平面形状	柱高：开间	类型	柱径：柱高	屋角起翘
四角亭	0.8：1	北方亭	1：10～1：12	起翘的高度与屋顶的高度成正比，且起翘高度不超过屋顶或柱高高度的1/3
六角亭	1.5：1	南方亭	1：12～1：17	
八角亭	1.6：1			

4）亭的构造

中国有北方亭和南方亭两种不同做法，一般可从攒尖顶的结构特点来分辨。北方亭屋顶檐角的起翘比较平缓，持重；南方亭的戗角高高兜起，形如半月。

（1）北方亭的构造

①亭的上架（檐檩以上称为亭的上架）

a. 攒尖顶。北方的攒尖顶多按照《工部工程做法》。

四方形的亭子：如图 3.18 所示，先在四角安抹角梁以构成梁架，在抹角梁正中立

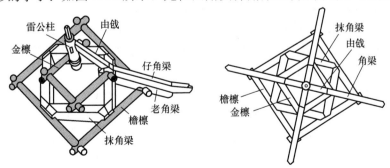

图 3.18　四角亭上架构造示意图

143

童柱或木墩，然后在其上安檩枋，叠落至顶，在角梁的中心交汇点安雷公柱，雷公柱上端伸出屋顶作装饰，称之为宝顶、宝瓶。

六角亭和八角亭：如图 3.19 所示，先将檩子步架定好，两根平行的长扒梁搁在两头的柱子上，在其上架短扒梁。然后在放射性角梁与扒梁的水平交点处承以童柱或木墩。

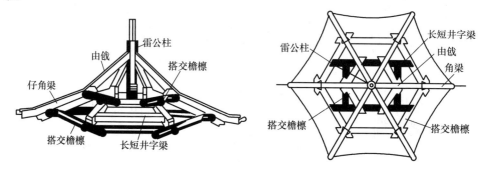

图 3.19　六角亭上架构造示意图

圆形攒尖顶亭：如图 3.20 所示，长扒梁和短扒梁互相叠落，额枋等全部做成弧形，比较费工费料。

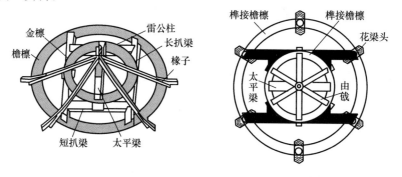

图 3.20　圆亭上架构造示意图

清制长梁高为 1.3～1.5 倍柱径，宽 1.05～1.2 倍柱径。短梁高 1.05～1.2 柱径，宽 0.9～1.0 柱径。

b. 翼角做法

北方翼角的做法，从宋到清都是不高翘的，一般是仔角梁帖服在老角梁上，前段轻微昂起，翼角的出椽也是斜向并逐渐向角梁处抬高。

压金法：是指将老角梁的后支点，挖凿成檩槽直接压在金檩上，仔角梁做成翘飞椽形式。这种做法最简单，但靠檐口端的伸出和承重不能太大，一般只能用于较小步架的亭子上，如图 3.21（a）所示。

扣金法：是指将老仔角梁的后支点挖成上下檩槽，相互扣住在金檩上，这种做法是亭子建筑中用得最多一种方法，如图 3.21（b）所示。

插金法：是指将老仔角梁的后尾做榫插入金柱的卯口内，它是重檐亭中下层檐角梁的主要做法，如图 3.21（c）所示。

老仔角梁的截面尺寸：清制老仔角梁截面相等，高按 3 椽径，宽按 2 椽径。

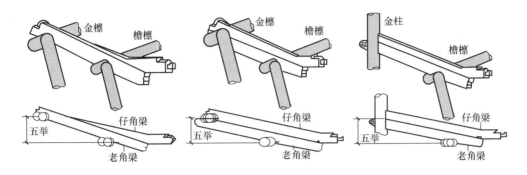

图 3.21 北方翼角构造示意图

（a）压金法；（b）扣金法；（c）插金法

②亭的下架（檐檩以下称为下架）

亭的下架是一种枋柱结构的框架，主要构件是立柱、横枋、花梁头和檐垫板，还有装饰性的楣子和座凳楣子，如图 3.22、图 3.23 所示。

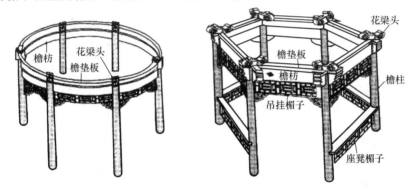

图 3.22 亭的下架示意图

立柱：凉亭的立柱又称之为檐柱，是整个构件的承重结构。亭式建筑的柱高、柱径如表 3.1 所示。

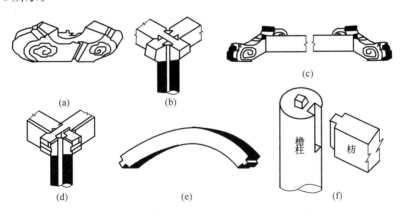

图 3.23 亭的下架构件示意图

横枋：它是将檐柱连接成整体框架的木构件，一般建筑中均称为檐枋，但重檐建筑中，下架的檐枋称为额枋，上架的檐枋称为檐枋。多边亭横枋尽端做成箍头形式，其中大额枋一般采用霸王拳形式箍头，小额枋常采用三叉头形式箍头。圆形亭横枋为弧形，做凸凹榫相互连接，与柱作燕尾榫连接。花梁头：它是搁置檐檩的承托构件，高约0.8柱径，宽为1柱径，长约为宽的3倍。两边做凹槽接插垫板，底面做卯口承插柱顶凸榫。

檐垫板：是填补檐檩与檐枋之间空挡的遮挡板，高0.8柱径，厚0.25柱径。

（2）南方亭的构造

①亭的上架

a. 攒尖顶

如图3.24所示，南方的攒尖顶主要为伞法。一是老戗支撑灯芯木，刚性较差，用于较小的亭，见图3.25（a）；二是大梁支撑灯芯木，一般大梁仅一根，如果亭比较大可用两根，图3.25（b）。

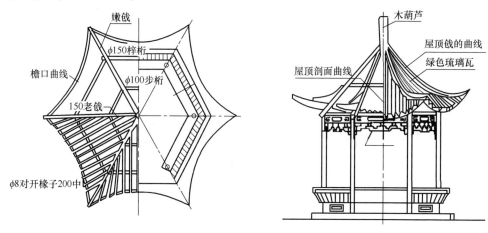

图3.24　伞法构架亭示意图

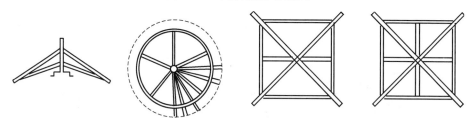

图3.25　伞法构架亭示意图
（a）老戗支撑灯芯木；（b）大梁支撑灯芯木

南方亭在设计中，也经常采用抹角梁的做法，只是翼角的做法不同。

b. 翼角的做法

江南屋角的反翘式样，分为嫩戗发戗和水戗发戗。

嫩戗发戗：构造比较复杂，老戗的下端出于檐柱之外，在它的尽头上向外斜向镶合嫩戗，用菱角木、箴木、扁檐木凳把嫩戗和老戗固牢，形成展翅欲飞状，如图3.26所示。

水戗发戗：没有嫩戗，仅戗脊部用铁件和泥灰形成翘角，构造上比较简单，如图

3.27 所示。

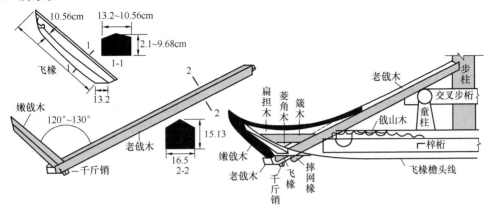

图 3.26　嫩戗发戗示意图

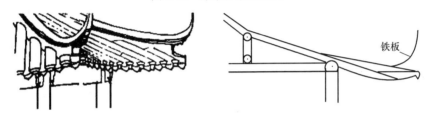

图 3.27　水戗发戗示意图

②亭的下架

亭的下架与北方亭结构一致。

（3）亭的屋面构造

①屋面椽子

椽子是屋面基层的承托构件，屋面基层由椽子、望板、飞椽、压飞望板等铺叠而成。在屋面檐口部位还有小连檐木、大连檐木、瓦口木等，如图 3.28 所示。

其中椽子根据所处步架位置有不同的名称，处在脊步的称脑椽，处在檐步的称檐椽，在脊步与檐步之间的称花架椽，在檐椽之上还安装一层起翘椽子，称为飞椽。脑椽与檐椽一般为圆形截面，飞椽为方形截面，但也可以均为方形截面，截面尺寸，清制按 0.33 柱径取定，椽档（椽子间距）按 1.5 椽径。

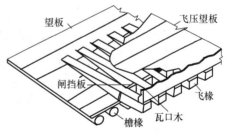

图 3.28　屋面基层构造

北方官式建筑的屋面构造如图 3.29（a）所示。

南方地区发戗做法的飞椽是由正身飞椽逐渐向嫩戗方向斜立，如图 3.29（b）所示，然后用"压飞望板"连成整体。

②凉亭屋面的垂脊

凉亭屋面的屋脊，除庑殿、歇山屋顶外，一般均只有垂脊。

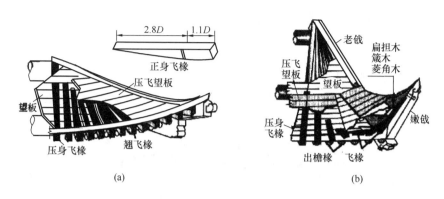

图 3.29　屋面椽子

（a）官式做法；（b）民间做法

a. 大式建筑凉亭垂脊

清制琉璃构件的垂脊：所用的构件都是窑制定型产品，以垂兽为界，分为垂兽前段和垂兽后段而有所不同。如图 3.30 所示，清制垂兽后段的构造，由下而上为斜当沟、压当条、三连砖、扣脊瓦等构件叠砌而成；垂兽前段由下而上为斜当沟、压当条、小连砖、扣脊瓦，然后安装走兽、仙人。

清制黑活构件的垂脊：如图 3.30 所示，垂兽前段的构造是在斜当沟之上砌筑压当条、混砖，再安装走兽，脊心空隙用碎砖灰浆填塞，垂兽形式与琉璃制品相同，只是素色而已；垂兽后段的构造是在斜当沟之上安装压当条、陡板砖、扣脊瓦，并抹灰做成楣子。

脊端构件由下而上为沟头瓦、圭脚、瓦条、盘子、筒瓦坐狮。

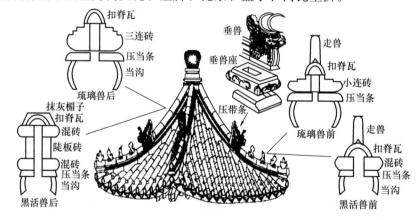

图 3.30　大式凉亭屋脊做法

b. 小式建筑凉亭垂脊

清制小式垂脊均用现场的砖瓦和灰浆砌筑而成，没有垂兽和小兽，因此也不分兽前兽后，其构造由下而上为：当沟、二层瓦条、混砖、扣脊瓦抹灰楣子。脊端做法，由下而上为：沟头瓦、圭脚、瓦条、盘子、扣脊瓦作抹灰楣子，如图 3.31 所示。

c. 南方地区民间凉亭垂脊

南方地区民间凉亭垂脊一般为瓦条线砖滚筒脊，它是在脊座上用筒瓦合抱成滚筒，

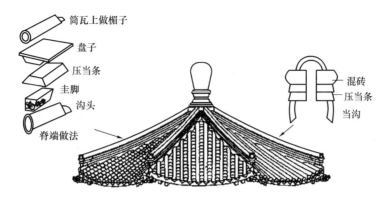

图 3.31　清制小式凉亭垂脊

再在其上铺二层望砖瓦条、扣盖筒瓦，并做抹灰楣子。脊端在沟头瓦上，随滚筒做成弧面，再在其上用瓦条砖层层挑出，作成戗尖，最后用抹灰面罩子，如图 3.32 所示。

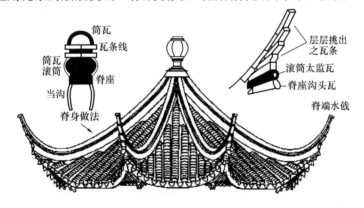

图 3.32　南方民间凉亭垂脊

（4）细部装饰

①宝顶。亭的点睛之笔，一般宝顶宜长不宜短，如图 3.33 所示。

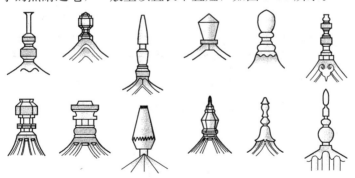

图 3.33　宝顶示意图

②木楣子。木楣子是用木棂条拼成各种花纹图案的装饰构件，分为吊挂楣子和坐凳楣子两种。吊挂楣子又称为木挂落，它是安装在檐枋之下的装饰棂条花框，广泛用于凉亭和游廊上。其基本构造由边框、棂条芯和花牙子等组成。

楣子边框的看面宽为 4～4.5cm，进深厚为 5～6cm。棂条芯是用棂条做成各种不同的花纹图案，较常见的有：步步锦、万字纹、寿字纹、拐子纹、灯笼锦、金如意等，如图 3.34 所示。

③鹅颈靠椅（美人靠）、座凳及栏杆。如图 3.35 所示，可供游人休息，协调立面的比例，使亭的形象匀称。

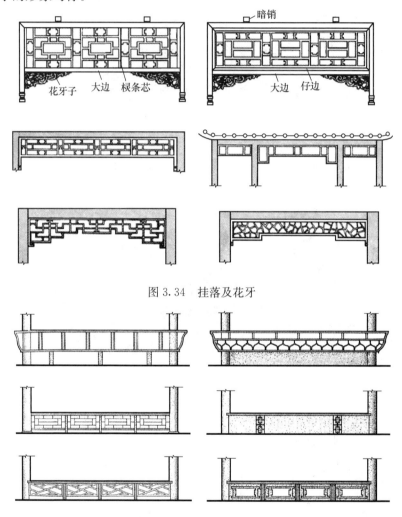

图 3.34 挂落及花牙

图 3.35 鹅颈靠椅（美人靠）、座凳及栏杆示意图

5）现代亭

（1）钢筋混凝土

钢筋混凝土是现代建筑的标志，目前在亭子的建造中用的最多的也是这种钢筋混凝土结构的亭子，因其建造方便，结构有稳固、耐腐功能是现代材料运用最为广泛的材料之一，混凝土浇筑的亭子在现代园林中应用颇多，如设在居住区私家别墅、现代公园等，如图 3.36 所示。

（2）张拉膜

张拉膜结构是一种新型的建筑，由于其具有潇洒飘逸、轻盈优美的特点，一直备受广大用户的青睐。张拉膜结构同时也是现代计算机技术、现代建材技术和现代建筑设计理念的化身。人们已不单单为其造型优美而选择它，它具备的自重轻、跨幅大、维修保养容易等特点也在现代建筑中体现了优势。常用的膜材大多是国外进口的，有米勒、MS等。它也可以有颜色，但有颜色的膜材性能较差，一般很少用。张拉膜建造的亭子因其造型独特，景观优美，在现代园林中较为常见，特别是在一些城市广场大型休憩绿地中，如图3.37所示。

图 3.36　现代亭（钢筋混凝土）　　　　图 3.37　现代亭（张拉膜）

（3）木塑材料

木塑复合材料（WPC）是用木纤维或植物纤维填充增强的改性热塑性材料，它集木材和塑料的优点于一身，不仅有类似天然木材的外观，而且克服了不足，具有防腐、防潮、防虫蛀、尺寸稳定性高、不开裂不翘曲等优点，比纯塑料硬度高，又有类似木材的加工性，可进行切割粘接，用钉子或螺栓固定连接，可涂漆，目前在亭子的建造中往往是木材的替代品，也常见于居住区、公园绿地中。

（4）玻璃

目前市场上玻璃的种类很多，其中平板玻璃用得很多，此外还有安全玻璃。安全玻璃是指与普通玻璃相比，力学强度更高、抗冲击能力更强的玻璃，其主要品种有钢化玻璃、夹丝玻璃、夹层玻璃与钛化玻璃。现在较为流行的节能装饰玻璃有吸热玻璃、热反射玻璃和中空玻璃等，但在亭子建造中应用最广的还是平板玻璃和钢化玻璃等。它们被广泛应用于居住区和公园绿地中，如彩图12。

（5）PC板

聚碳酸酯（PC）是一种综合性极佳的工程塑料，有"透明塑料之王"的美称，用聚碳酸酯制成的PC阳光板、PC耐力板（又称不碎玻璃、响钢、卡普隆），是目前国际上普遍采用的一种新型高强度、透光、隔声、节能的建筑装饰材料，其厚度不一，还可以根据需要采用不同的颜色，是一种很好的亭子顶部的覆盖材料，在园林花架、廊中也广为使用。

虽然目前修建的园林亭多为新型材料建造的现代亭，但是古典园林中的亭子也具有独特的风格，因此在修建园林亭子的过程中，应根据园林的整体风格选用亭子的类型。

2. 廊

1）廊的概述

廊本是为满足我国木结构建筑的需要，附属于建筑的，作为防雨的室内外过渡空间，以及作为联系建筑群之间的连接体。而园林中的廊由于它的连续性、通透性以及基址选择的灵活性等特点，在园林布景上极富变化，具有其他建筑所无法取代的功能。廊既能引导视线多变的导游交通路线，又可划分景区空间，丰富空间层次，增加景深，是园林建筑群体中的重要组成部分。廊的作用具体表现在以下四个方面：

（1）联系建筑。廊本来就是作为建筑物之间的联系出现的。中国木构架体系的建筑物，一般个体建筑的平面形式都比较简单，通过廊、墙把一栋栋单体建筑物组织起来，形成了空间层次丰富的建筑群体。

（2）划分和组织园林空间。廊是建筑的组成部分，也是构成建筑外观特点和划分空间格局的重要手段。廊的设计处理方面主要是通过划分空间形成空间的对比。譬如：大小对比、虚实对比、主次对比、幽深与开阔的对比。通过这些对比形成有特色的景区，吸引游人。

（3）过渡空间、引导游览路线。廊一方面可以作为交通联系的通道，引导游览路线；另一方面由于廊给人一种半明半暗、半室内半室外的效果，所以通常也作为室内外空间联系的"过渡空间"。

（4）组廊成景。廊在完成着各项使用功能的同时，也是造景的重要元素，它既可以附属于主体建筑，也可以独立成景，如图3.38所示。

图 3.38 上海西郊动物园金鱼廊

廊运用到园林后，它的形式和设计手法更加多变。如果我们将整体园林当做一个"面"来看，亭、榭、舫等建筑在园林中可以视为"点"，而廊、墙则为"线"，通过线的联络将各个分散的点联系为有机整体。

2）廊的类型特点

如图3.39所示，从横剖面上分析可分为空廊图、单面廊图、阁廊（双层廊）、复廊（两面廊）、单支柱廊、暖廊。常见廊的特点见表3.2，其园林中运用最多的是双面空廊。

从总体造型及其地形、环境的结合的角度来考虑可分为直廊、曲廊、回廊、爬山廊、叠落廊、水廊和桥廊等，如图3.40所示。

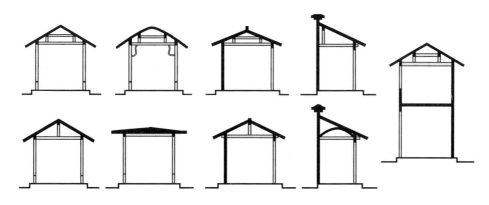

图 3.39　廊的类型（横剖面）

表 3.2　常见廊的特点

序号	名称	特　点	适用性
1	双面空廊	既是通道，又是游览路线，只有屋顶支撑，四面无墙	两面都有景观的空间环境，互相渗透，互为因借
2	单面空廊	完全隔离或似隔非隔形式，一边为空廊面向主要景色，另一边设墙或附属于其他建筑物	针对廊的墙面采用不同的处理手法，以达到掩映、漏窗、敞空的效果
3	复廊	廊的宽度较大，在双面空廊的中间隔一道带有漏窗、门的墙体，两边的景色互相因借	划分各不相同的空间环境，产生不同的感受
4	双层廊	联系不同高程上的建筑和景物，增加廊的气势和观景层次	丰富园林建筑的体型轮廓，多层次地欣赏园林景观
5	单支柱廊	单体支柱的廊	街头绿地的休息廊，现代公园绿地中
6	暖廊	设有可装卸玻璃门窗的廊，既可以防风避雨又能保暖隔热	一般用于展览廊，增加空间意境的营造

3）廊的设计要点

（1）选址

在园林的平地、水边、山坡等不同的地段上建廊，由于不同的地形与环境，其作用和要求也各不相同。"山水为主，建筑为从"的建筑布局主要强调"依山就势，自然天成"，各类建筑在园林中起到画龙点睛的作用，各种体量大小不同的建筑物与周围环境有机组合在一起。

①平地建廊。在平坦的地形建廊，配合环境以争取变化。园林中的平地建廊，常沿边界围墙及附属建筑物以占边的形式布置。利用廊、墙、房围绕起来的庭院中部组景，形成兴趣中心。这样易于组成四面环绕的向心布置，以争取中心庭院的较大空间。

②水边或者水上建廊。一般称之为水廊，供观赏水景及联系水上建筑之用，形成以水景为主的空间。

水廊有位于岸边和完全凌驾水上的两种形式，位于岸边的水廊，廊基一般紧接水面，廊的平面也大体贴于岸边，尽量与水接近，大多沿水边成自由式布局，顺自然地势，与环境融为一体，廊基也不用砌成规整的驳岸；凌驾于水上的水廊，多以露出水面的石台或石墩为基，廊基一般宜低不宜高，使廊的底板尽可能贴近水面，并使水经过廊下互相贯通。

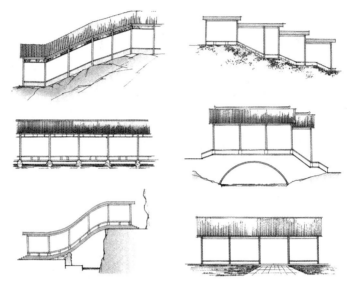

图 3.40　廊的类型（立面造型）

③桥廊。桥廊与桥亭一样，除供行人休息和观赏外，对丰富园林的景观也有很突出的作用。如苏州拙政园的"小飞虹"（图 3.41），横跨水面，在水中形成倒影，形态纤巧而优美。

图 3.41　拙政园小飞虹

④山地建廊。山地建廊可供游人登山观景，并有联系不同标高建筑物的作用，可以丰富山地建筑空间构图，爬山廊有的位于山之斜坡，有的依山势蜿蜒转折而上。

（2）空间的设计

①我国园林中利用廊、障、漏分隔空间，因地制宜，创造各种景观效果，如图 3.42 所示。

②廊的出入口是人流集散要地。如图 3.43 所示，出入口的位置一般在两端或者中间某处，要适当将其平面及空间做大，以满足人流量的需要。

③内部空间处理。因为廊的狭长，所以内部空间的处理是廊在造型、景致处理上的重要内容。一般来讲，在廊内设置月洞门、花格、隔断、漏花窗及其他小品景观均可达到效果，如图 3.44 所示。

④廊的色彩与材料。南方的廊以深褐色为主，北方以红绿色配合苏式彩画。廊的材料一般选用钢筋混凝土，现在也出现一些轻质复合材料。

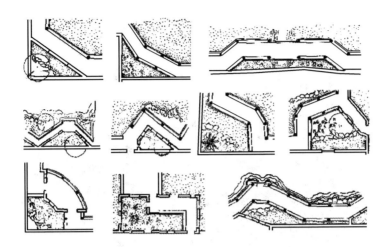

图 3.42 廊划分空间

图 3.43 上海静安公园廊的出入口

图 3.44 苏州留园"古木交柯"、
"华步小筑"平面图

（3）立面造型

廊的立面为开阔视野，多选用开敞式造型，在细部的处理上，可设挂落于廊檐，下可设置座椅以供游人休息。廊的吊顶，一般采用各式轩的做法，现代园林中的廊一般不做吊顶，简洁大方。在设计中，廊常常和亭结合设计形成亭廊组合，如图 3.45 所示。

4）廊的构造

（1）游廊木构架的基本构件

园林建筑中的游廊，可采用卷棚式屋顶或尖山式屋顶，其中尖顶式木构架最简单，而卷棚式显得与园林环境更加融洽。

游廊的基本构架：左右两根檐柱和一榀屋架组成一付排架，再由枋木、檩木和上下楣子，将若干付排架连接成整体长廊构架。除上下楣子外，卷棚式游廊木构架如图 3.46 所示，尖山式木构架如图 3.47 所示。现以卷棚式木构架的构件为例介绍如下：

①檐柱。游廊的檐柱，多做成梅花形截面的方柱，也可为圆形或六边形截面，柱径一般为 200～400mm，柱高为 11 倍柱径，但不低于 3m。柱脚做套顶榫插入柱顶石内，如图 3.48 所示。左右檐柱为进深，按步距确定，脊步距 2～3 倍檩径，檐步距 4～5 倍檩径。前后檐口的柱按面阔进行排列，面阔大小一般可在 3.3m 左右取定。

图 3.45　桂林芦笛岩水边亭廊组合

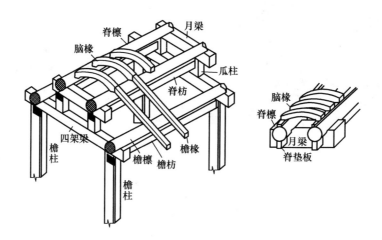

图 3.46　卷棚式游廊构架示意图

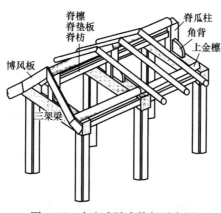

图 3.47　尖山式游廊构架示意图

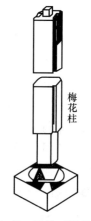

图 3.48　檐柱（梅花桩）

②屋架。屋架由屋架梁和瓜柱所组成，卷棚屋架由四架梁、月梁和脊瓜柱等组成。尖顶屋架由三架梁和脊瓜柱组成。

四架梁为矩形截面，高×厚＝1.4×1.1柱径。梁长按左右檐柱之间距加2檩径，该间距一般为0.65～0.8倍檐柱高，或者按进深步距之和取定。

月梁即为脊梁，二架梁，也是矩形截面，高厚均可按四架梁的0.8倍取定，长按脊步距加2檩径。

脊瓜柱是支撑脊檩或脊梁（即月梁）的矮柱，其高按脊步举架和梁高统筹考虑，截面宽按0.8倍檐柱径，厚可按月梁厚或稍薄。

③枋木。枋木有两种，一是在檐檩下连接各排檐柱的檐枋，二是在脊檩下连接各排脊瓜柱的脊枋。枋木长度按排架之间的距离，檐枋截面高按1檐柱径取定，厚为高的0.8倍；脊枋截面的高和厚，按檐枋截面尺寸的0.8倍确定。

④檩木。檩木一般均为圆形截面，分檐檩和脊檩，檩径均按0.9倍檐柱径设定。在枋木与檩木之间的空当，一般用垫板填补，板厚控制在0.25倍檐柱径左右。

⑤屋面木基层。在檩木之上安装屋面木基层，由直椽、望板、飞椽、瓦口木等组成。其构造与其他建筑的屋面基层基本相同，具体见图3.28。

（2）叠落廊的木构架

叠落廊木构架的构件与一般游廊的构件基本相同，不同的是，木构架随地面的叠落高差设立排架，如图3.49所示。

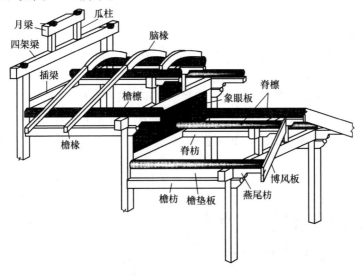

图3.49 叠落廊构架示意图

在高低联跨的排架上要增加燕尾枋，以承接高排架的悬挑檩木。还要在与低跨脊檩枋的位置处增加一根插梁，用来承接低跨的脊檩枋。最后一跨悬挑屋顶的外沿安装博风板。其他与一般游廊构架相同。

3. 榭、舫

1）榭

水榭也是园林中比较常见的建筑类型，是傍池沼借水景而成的园林建筑。水榭的典型形式是在水边架起平台，平台一部分架在岸上，一部分伸入水中，平台跨水部分以梁、柱凌空架设于水面之上。建筑的面水一侧是主要观景方向，常用落地门窗，开敞通透，既可在室内观景，也可到平台上游憩眺望。

（1）榭的类型和特点

榭的形式多样，从平面形式看，有一面临水、两面临水、三面临水以及四面临水。四面临水者以桥与湖岸相连。如图 3.50 所示，从剖面看平台形式，有实心土台，水流只在平台四周环绕；有平台下部以后梁柱结构支撑，水流可流入部分建筑的底部，有的可让水流流入整个建筑底部，形成驾临碧波之上的效果。近年来，由于钢筋混凝土的运用，常采用伸入水面的挑台取代平台，使建筑更加轻巧，低临水面的效果更好。

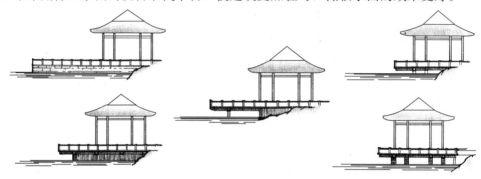

图 3.50　榭的类型（剖面）

从建筑风格来看，我国的园林建筑南北方具有鲜明的对比性，同样榭也是如此，在北方宫廷建筑中，建筑色彩华丽，整体建筑风格显得相对浑厚、持重，在建筑尺度上也相应进行了增大，显示着一种王者的风范。并且，有一些水榭已经不再是一个单体建筑物，而是一组建筑群体，从而在造型上也更为多样化，如北京颐和园的"洗秋""饮绿"两个水榭（见彩图 4）最具代表性；江南的私家园林中，由于水池面积一般较小，因此榭的尺度也不大，屋顶一般为造型优美的卷棚歇山式，四角翘起，显得轻盈纤细，如拙政园芙蓉榭（图 3.51），

图 3.51　拙政园芙蓉榭

位于拙政园东部池畔，坐东面西，建筑基部一半在水中一半在池岸，两面临水，跨水部分以实支柱凌空架于水面。四面开敞，夏日赏荷的绝佳之处，因此称之为"芙蓉榭"。

（2）榭的设计要点

①位置的选择。榭以借助周围景色见长，因此位置的选择尤为重要。水榭的位置宜选在水面有景可借之处，要考虑到有对景、借景，并在湖岸线突出的位置为佳。水榭应尽可能突出池岸，形成三面临水或四面临水的形式。如果建筑不宜突出于池岸，也应将平台伸入水面，作为建筑与水面的过渡，以便游人身临水面时有开阔的视野，使其身心得到舒畅的感觉。

②建筑高度。水榭以尽可能贴近水面为佳，即宜低不宜高，最好将水面深入到水榭的底部，并且应避免采用整齐划一的石砌驳岸。当建筑地面离水面较高时，可以将地面或平台作上下层处理，以取得低临水面的效果。若岸与水面高差较大时，也可以把水榭设计成高低错落的两层建筑的形式，从岸边的下半层到达水榭底层，上半层到达水榭上层。这样，从岸上看去，水榭似乎只有一层。但从水面上看来却有两层。

为了形成水榭有凌空于水面之上的轻快感。除了要将水榭尽量贴近水面之外，还应该注意尽量避免将建筑物下部砌成整齐的驳岸形式，而且应该将作为支撑的柱墩尽可能地往后退，以造成浅色平台下部有一条深色的阴影，从而在光影的对比之下增强平台外挑的轻快感觉。

③建筑造型。在造型上，榭应与水面、池岸相互融合，以强调水平线为宜。建筑物贴近水面，适时配合以水廊、白墙、漏窗等，再配以几株翠竹、绿柳，可以在线条的横竖对比上取得较为理想的效果。

④建筑朝向。榭作为休憩服务性建筑，游人较多，驻留时间较长，活动方式也随之多样，因此，榭的朝向颇为重要。因为榭的特点决定了其应伸向水面且又向四面开敞，难以得到绿树遮阴，所以设计中应该更加注意朝向，避免西晒。

2）舫

传统的舫是依照船的造型在园林中的湖泊建造起来的一种船形建筑物，供人们观赏水景，身临其中有乘船荡漾于水上的感觉。船立于水边，虽似船形但实际不能划动，所以亦名"不系舟""旱船"。如拙政园的"香洲"（图3.52），船头是台，前舱是亭，中舱为榭，船尾是阁，阁上起楼。香洲位于水边，正当东，三面环水，一面依岸，由三块石条所组成的跳板登"船"，站在

图3.52　拙政园的"香洲"

船头，波起涟漪，四周开敞明亮，满园秀色，令人心爽。

（1）舫的组成

舫的基本形式与船相似，宽约丈余，一般下部用石砌作船体，上部木构似像船形。宽约为3～4m，木构部分通常分为三段：船头、中舱、船尾。

①船头。头舱较高，常作敞棚，供赏景谈话之用，屋顶常做成歇山顶式，其状如官帽，俗称官帽厅，前面开敞，设有眺台，似甲板，尽管舫有时仅前端头部突入水中，船头一侧仍置石条仿跳板以联系池岸。

②中舱。中舱低于船头，为主要空间，是供游人休息和欢宴的场所。其地面比一般的地面略低一二步，有入舱之感。中舱的两侧面一般为通长的长窗，以便坐息时有开阔的视野。

③船尾。船尾（尾舱）一般为两层，类似阁楼的形象，下层设置楼梯，上层为休息眺望远景用的空间。船尾尾舱的里面构成下实上虚的对比，其屋顶一般为船篷式或卷棚顶式，首尾舱一般为歇山顶式样，轻盈舒展，在水面上形成生动的造型，成为园林中重要的景点。

（2）舫的设计要点

舫选址宜在水面开阔之处，这样既可取得良好的视野，又可使舫的造型较为完整地体现出来。舫的造型最主要要体现出其"点""凸""飘"的特点。舫选址宜在水面开阔处，这样既可取得良好的视野，又可使舫的造型较为完整地体现出来，一般两面或三面临水，最好四面临水，其一侧设有平桥与湖岸相连，仿跳板之意。另外还需注意水面的清洁，应避免设在易积污垢的水区之中，以便于长久的管理。

二、职业活动训练——亭、廊的设计

1. 承担设计任务

根据单元一项目一的建筑场地设计成果及相关资料完成单体园林建筑（亭、廊）的初步设计、施工图的绘制。

2. 分析和研究

下面以亭为例，试述其分析、设计流程：

1）平面设计

（1）确定亭子的柱间距离，柱子的截面尺寸；

（2）确定亭子地坪边缘距离、柱间间距；

（3）确定亭子地坪与亭外地面的高度差，根据这个高度差确定踏步级数和踏步的位置与尺寸；

（4）确定剖切位置（最少1个）及剖视方向，并在图中画出剖切符号；

（5）根据实际设计添加座凳或栏杆等其他设计元素；

（6）标注出各控制点的尺寸及室内外标高。

2）立面设计

（1）确定梁下净高度；

（2）确定梁的高度；

（3）确定屋檐板距离亭子地坪的高度；

（4）确定屋檐伸出轴线的距离；

（5）确定屋顶的高度；

（6）标注出表面装饰的材料及各控制点的尺寸和标高。

3）剖面设计（根据平面图上选择的剖切位置绘制）

（1）分清被剖切到的结构部件、构造部件和可视方向上其余的建筑部分；

（2）被剖切到的结构、构造部件在图中根据使用材料的不同分别进行绘制；

（3）可视方向上其余的建筑部分用细实线绘制即可；

（4）确定梁的截面尺寸；

（5）确定屋檐板的厚度、宝顶的结构厚度以及座凳的厚度；

（6）剖面图是建筑结构设计的基本图纸，必须在剖面图上标明结构上各控制点（如屋顶、窗台位置、窗顶、门顶等）的尺寸和标高。

3. 设计图纸内容

提交亭、廊的施工图一套，内容包括：设计说明、平面图、立面图、剖面图、节点详图、效果图。

项目二　大门及入口设计

 学习目标：

了解公园大门入口的功能与组成、类型、设计要求，熟悉相关设计规范，掌握其设计方法。

 能力标准：

能根据建筑场地设计成果及相关资料完成该景观工程项目的大门入口设计。

一、应知部分

大门入口是园林中的服务性建筑，是整个园林的起始点，是园林中最为突出醒目的建筑之一，体现了园林的风格，并具有一定的文化色彩。每个园林的大门形象应各具个性，并成为园林中富有特色的标志性建筑。

1. 大门功能与组成

1）大门的功能

（1）控制、引导游人的出入。集散交通、组织引导出入口人流及交通集散，尤其表现在节假日，集会及国内大型活动时，出入口人流及车辆剧增，出入口需恰当地解决大量人流的集散、交通及安全等问题。

（2）门卫、管理。公园出入口除具一般门卫功能外，并具有售票、收票的功能。

（3）组织园林出入口的空间及景致。公园出入口空间既是城市道路与公园之间的空间过渡及交通缓冲，又是人们游赏园林空间的开始。因此，在空间上起着由城市到园林的过渡、引导、预示、对比等作用。

（4）大门形象具有美化街景的作用。公园大门是人们游赏园林的第一个景物，将给人们留下深刻的印象，其形象体现出园林的规模、性质、风格等，其优美的造型也是美化街景的重要因素。

2）组成

根据园林大门入口的主要功能，基本组成主要包括出入口、售票室与收票口、门卫管理及内部使用的厕所、公园出入口内外广场及游人等候空间、自行车存放处、小型服务设施等。根据园林的规模、性质等因素，其基本组成可作适当增减。

2. 设计要求

1）位置选择

由于公园大门的位置与园内各种活动安排、人流量疏密及集散、游人对园内某些景物的兴趣以及各种服务和管理等均有密切关系，因此公园大门的位置首先应考虑公园总体规划，按各景区的布局、游览路线及景点的要求从公园总体规划着手考虑大门位置，同时应考虑其次要出入口，兼顾公园供应物资的运输方向、废物排出方向等。

在公园总体规划范畴，园林的主景区位置、园址形状、游人量是确定大门位置和出入口数量、位置的主导因素。如图3.53所示，方形园址可四面设置出入口，三角形园址可三面设置出入口，并根据规划中的主、次景区确定主要入口位置；长方形园址，根据主景区、游人量可在长边设置1～2个出入口；对于任意形园址主要根据主景区来设置出入口的位置。

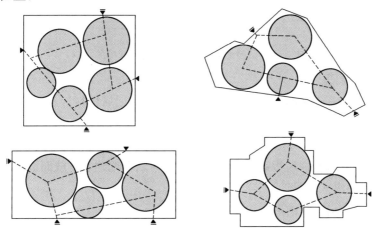

图3.53　园林大门出入口位置选择示意图

其次，公园大门的位置要根据城市的规划要求，要与城市道路建立良好关系，如图3.54所示，公园的主要出入口往往位于城市主干道，要有方便的交通，应考虑公共汽车路线与站点的位置以及主要人流量的来往方向，并对附近主要居民区、学校、机关团体以及公共活动场所等加以了解，这些都会影响公园大门的位置的确定。同时，应注意对于城市主干道的交叉口最好不要设置园林主要出入口。

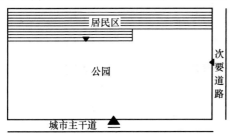
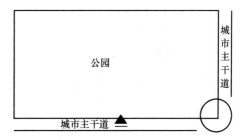

图3.54　城市主次干道对大门入口位置选择的影响

如图3.55所示，由于公园大门往往需要在出入口内外设置疏散广场，因此位置的选择还应结合园内地形、地貌的状况。另外，公园供应物资的运输方向、废物排出方向等，也是选择公园各门位置应考虑的因素。

综合以上各种功能关系及景致要求，可确定公园各种出入用门的具体位置。

一般大、中型的公园有三类门，即：

（1）公园主要大门

作公园主要的、大量的游人出入用门，设备齐全，联系城市主要交通路线，是公园主要游览路线的起点。

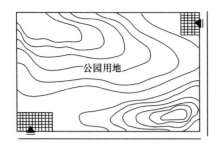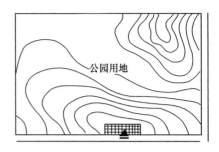

图 3.55　公园地貌对大门入口位置选择的影响

（2）公园次要门

作公园次要的、局部的人流出入用门，一般供附近居民区、机关单位的游人就近出入。

（3）公园专用门

作公园管理上需要的物货运输或供国内特殊活动场地独立开放而设计的专用门。

2）公园大门出入口设计

（1）公园大门出入口的形式

公园大门出入口布局的主要形式如图 3.56 所示，大门出入口一般可分为平日出入口及节假日出入口，即由大、小两个出入口组成。小出入口供平日游人较少时使用，便于管理；大出入口主要供节假日及大型活动时因人流量大所使用，此外也作特殊情况下的车辆通行用。

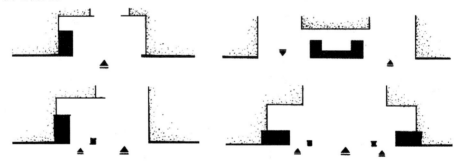

图 3.56　公园大门出入口的主要形式

（2）公园大门出入口的宽度

出入口虽有大、小之分，但其具体宽度须由功能上的需要来确定。公园小出入口主要供人流出入用，一般供 1～3 股人流通行即可，有时亦供自行车、小推车出入。一般单股人流宽度 600～650mm，双股人流宽度 1200～1300mm，三股人流宽度 1800～1900mm，自行车推行定度 1200mm 左右，小推车推行宽度 1200mm 左右；大出入口，除供大量游人出入外，有时在必要的情况下，还需供车流进出，故应以车流所需宽度为主要依据，一般需考虑出入两股车流并行的宽度，大约需 7000～8000mm 宽。

（3）门墩

门墩作为悬挂、固定门扇的构件，是大门出入口不可缺少的组成之一，尤其在近代公园中更加需要。门墩造型又是大门艺术形象的重要内容，有时竟成为大门的主体形象。所以，对门墩的设计构思应充分重视，其形式、体量大小、质感等，均应与大门总体造型协调统一，其形式除常见柱墩外，可结合大门的总体环境采用多种形式，如：实墙面、高花台、花格墙、花架廊等，以丰富造型。

（4）门扇

门扇既是大门的围护构件，又是艺术装饰的细部，对大门形象起着一定作用。因此门扇的花格、图案的纹样形式，应作仔细设计，应与大门形象协调统一，互相呼应；并结合公园性质加以考虑，门扇高度一般不低于 2m。从防卫功能上看，以竖向条纹为宜，且竖条之间距不大于 14cm。门扇的构造与形式，亦因所采用的材料的不同各有区别，目前以金属材料的门扇为最常见。如金属栅栏门扇、金属花格门扇、钢板门扇、铁丝网门扇以及某些地区采用木板门扇、木栅门扇等。门扇的开启方式有很多种，园林中常用的有平开门、折叠门、推拉门等。

①平开门。一般公园中最常用，其构造简单，开启方便，但开启时占用空间较大。门扇尺寸不宜过大，一般宽度为 2~3m，因此门洞宽度在 4~6m 为宜，如图 3.57（a）所示。

②折叠门。折叠门是目前园林中常用门扇之一，门扇分成几折，开启时折叠起来，占地较小，对警卫人员视线遮挡少。折叠门每扇宽度约 1~1.5m，可按需做成 4~6 折，甚至更多。因此，门洞宽度可做到 10m 以上，如图 3.57（b）所示。折叠门可分有轨折叠门与无轨折叠门两种做法，以有轨折合门更适用。

③推拉门。推拉开启时门扇藏在墙的后面，警卫人员视线遮挡少，便于安装电动装置。门间可以做得很宽，但需要大门一侧有一段长度大于门宽的围墙，使门扇可推入墙后，如图 3.57（c）所示。

在现代园林中，有的园林是开放性管理，因此有些公园只设计门墩不设计门扇；或者是在门墩之间设置自动轨道门，如图 3.57（d）所示；或者采用其他控制方式。

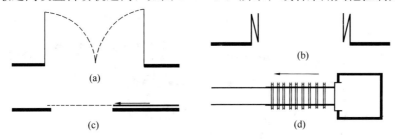

图 3.57　公园大门门扇

（a）平开门；（b）折叠门；（c）推拉门；（d）自动轨道门

3）售票室及收票室设计

售票室是目前公园营业的窗口之一，是公园大门最基本的组成，也是大门形象及艺术构图中的重要内容。售票室的布局，应考虑大门口环境状况，出入广场的布局形式，公园游人量及交通情况等不同因素。一般有两种布局方式，一是售票室与大门建筑组合成一体，二是售票与大门分开设置成为独立在大门外的售票亭。

就售票室的使用面积来讲，一般每个售票位不小于 2m²，亦可按不同的建筑的布局形式及通风、隔热、防寒卫生等有所增减，每两个售票窗口的中距不小 1200mm。售票室外应有足够的广场空间，作游人购票停留之需。售票室的售票窗口设置有单面售票、双面售票及多面售票等几种，如图 3.58 所示。同时要注意售票窗口的竖向尺寸设计，如图 3.59 所示。

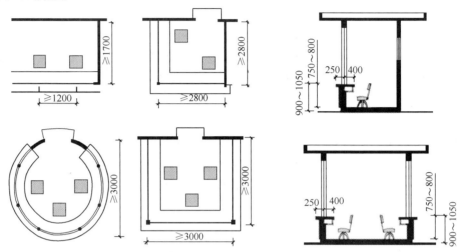

图 3.58　售票窗口设置示意图　　　　　图 3.59　售票窗口剖面示意图

收票室是售票室的对应设施，但往往被人们所忽视，造成收票困难或设置的位置不当，甚至随便搭个临时小房充作收票室，影响使用。如图 3.60 所示，收票室应设置在游人入园时必经的关口上，应尽量接近人流，收票窗正对人流，以利收票。为管理方便，收票室应设一门，便于直接出入，可随时检查入园时的交票情况。收票室可结合大门洞口的大型柱墩加以利用，但平面不小于 1.5m²。

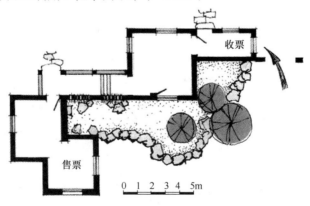

图 3.60　售、收票室平面实例

4）售收票室及门卫管理室的室内气候环境

售票室、收票室及门卫、管理室一般面积小，建筑体量不大，由于功能上的要求，一般需设大窗口，因此受室外季节气候的影响严重，以至室内冬冷夏热是常见的弊病，造成工作人员终日处在恶劣的气候环境下工作，影响身体健康。设计中主要应解决以下三个问题。

（1）选择良好的朝向及必要的遮阴措施

在我国大部分地区，建筑以朝南为佳，大门设计应有良好的朝向，尤其是售票室与收票室，工作人员整天值班，窗面朝向的优劣直接影响其工作条件。门一般应朝南，或朝东南、或朝西南均可，方能获得好的日照条件及较好的通风条件。但公园大门往往受规划位置及街景、城市交通的影响，不可能具有良好的朝向，因此，设计时首先要在不改变大门朝向的前提下，改变建筑方位，以使建筑获得良好的朝向；或在大门建筑群的组合中，将工作房间巧妙地安排在好的朝向中，如图3.61所示，在朝西的大门中将建筑物朝南，在朝北的大门中将建筑物朝东等，以改善建筑物朝向。

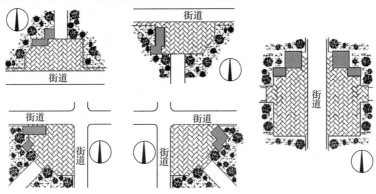

图3.61　售、收票室朝向选择示意图

其次，当不可能争取到较好朝向时，应作遮阳设施，尤其是必然要朝东、朝西向的售票、收票窗口，更需作好遮阳设计。遮阳设施不应妨碍营业窗口，一般适用的遮阳措施有如下：

①挡板式遮阳。即在廊或屋檐的顶板下悬挂垂直遮阳板，遮阳板应离地面1.8m以上，以免人们碰头；

②水平遮阳。在售票、收票窗口前加大挑檐顶盖，或在窗口做水平遮阳板，以遮挡阳光；

③绿化遮阳。因售、收票室建筑体量不大，当室外环境有浓密大树时或有较合理的种植配置时，可使整个建筑处在树阴下，这是最理想的自然遮阳。

④简易遮阳。用帆布遮阳，可设用机械装置，每日收放。

（2）组织好穿堂风

组织穿堂风是夏季室内降温的重要措施。我国大部分地区夏季主导风为南风（或东南风，或西南风），因此房间窗户要面向主导风向，即朝南（或东南、西南）。要安排好进出风口，使穿堂风经过室内的工作范围。如图3.62、图3.63所示，在平面上要注意开窗位置，剖面上要注意开窗的高低，要使穿堂风的穿过路线简捷，因气流的速度会随路线曲折程度的增加而减小。

（3）隔热与保温屋顶隔热措施是防止太阳辐射热对室内侵害的重要方法，尤其南方夏季更为突出。而在寒冷地区，屋顶及墙体的保温措施是改善室内冬季环境的不可忽视的措施。屋顶隔热及保温的方法很多，常用的有：架空通风隔热、吊顶通风隔热、反射隔热等。具体构造本教材前面已作介绍。架空隔热层应注意，开设通风口应迎向夏季主导风向。吊顶隔热层的通风口，在冬季应能关闭以利保温。

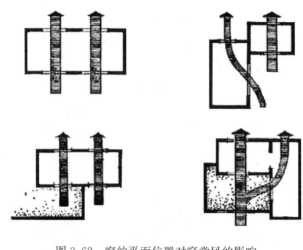

图 3.62　窗的平面位置对穿堂风的影响

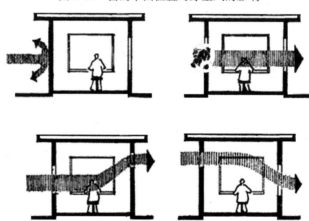

图 3.63　窗的剖面高度对穿堂风的影响

5）公园大门口空间的设计

公园大门空间一般是由出入口内、外广场组成，从物质功能上有人流停留、缓冲及交通集散等作用，从精神需要上，可以让人们欣赏园林的空间美。公园大门空间是一连串园林空间序列的开端，是园林空间交响曲中的序曲，也是游览导向的起点，因此设计中应从以下几方面考虑：

（1）公园大门空间的形成

公园大门空间是人们由城市街道转入园林的转折点和进入园林空间的过渡，因此要造成强烈的空间变化感，要形成与原来条形街道空间迥然不同的空间效果，使游人在空间感上有个突变，获得园林空间的美。空间形成一般多采用以下方法：

①用扩大空间的办法，形成各种形状的出入口广场。如图 3.64 所示；

②利用墙面的围合组成开放或封闭的空间，如图 3.65 所示；

③利用树木绿化、地形地貌的变化、建筑标志及建筑小品的设置等组成具有美感的空间效果，如图 3.66 所示。

（2）大门空间衬托与对比

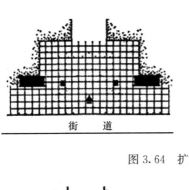
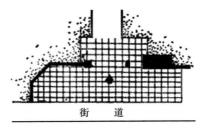

图 3.64　扩大空间的形成

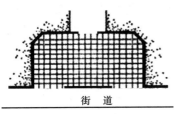
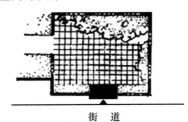
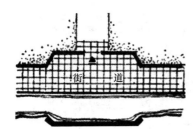
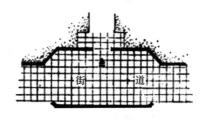

图 3.65　利用墙面的围合形成空间

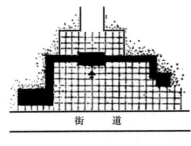
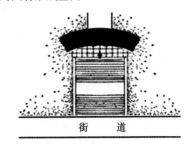
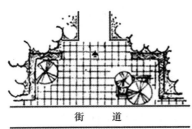
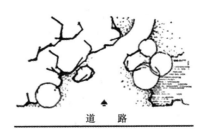

图 3.66　利用树木、地形、建筑等围合形成空间

　　园林大门空间有时是由单一的空间构成，但更常见的是由一组空间序列的组合构成的，根据公园的规划的意图、公园的性质、规模、结合基址条件，将大门空间组合成与公园形式相适宜的一组空间序列，常以空间不同大小的对比、空间开合、曲折的变化、

方向的转折、明暗的交替等方法，相互衬托与对比，将入口空间层层展开，成为园林空间的序曲，更好地衬托出园林主体空间的艺术效果，给人以深刻的感染力。

如图 3.67 所示，苏州留园的入口空间序列即是一个优秀实例。入口空间采用了小中见大、欲扬先抑的对比手法，人们首先进入一个比较宽敞的门厅，继而进入窄长的通道，一再转折，在空间大小、方向、明暗上不断变换，空间虚实互相穿插，加强园林入口空间的艺术感染效果，使游人得到空间艺术的享受，从而也衬托出中央主体景色的开阔与丰富的景观。

图 3.67　留园入口空间序列示意图

（3）公园大门入口空间的导向

园林游览需按一定的路线进行，才能充分表现出景物效果，要使游人按设计意图循序渐进，在空间上引导是重要的手法之一。公园大门空间应有明确的导向性，空间引导的方向与公园内景区的布局及景物的设置密切相关，只有这样才能吸引游人步入园林景区。一般可在空间形状上、道路布局上及景物设置上加强导向性。

公园入口空间应有园林特色，体现出一定的园林景观效果，并恰当地表现出公园主题与特性。设置景物可结合视线，引导布局，常用的有花坛、喷泉、水池、山石、树木、雕塑、亭、廊、花架及装饰小品等，应因地制宜选择应用。

6）车辆停放场

车辆包括自行车和汽车。自行车停放场是公园大门不可缺少的部分，几乎每个城市公园都要考虑到自行车存放的问题，自行车停放场的设置基本上有两种方式：一是停车场与公园大门外广场组成一体，其优点是方便存取，路线短捷，但有碍大门空间的美观，有时造成人流互相干扰；二是停车场单独设置，一般在大门外广场之外，另开空场，其优点是不影响大门的景观，人流干扰小，便于保管，但离大门较远，存取不便。

公园自行车停放场一般以露天停放较为常见，因雨天游人少。为隐蔽其位置常设在绿阴中，以绿带作隔离。如图 3.68 所示，停车场面积与停车数量、排列方法、过道组织有关，一般每辆可按 $1.2 \sim 1.5 m^2$ 计算。

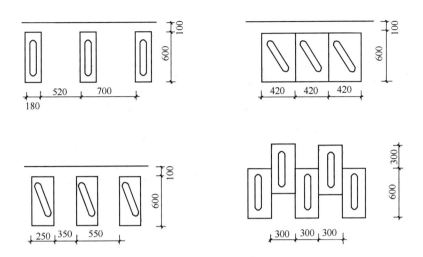

图 3.68　自行车停车场排列示意图

同时，汽车停放也不可忽视。汽车停放场一般宜独立设置，不应与公园出入口广场混在一处，以免影响交通安全。车辆及人流要分开，避免人流穿越。停车场的设计要根据车辆的停放量、类型安排停车位、出入口及通道，既要方便安全，又要经济合理，设计中可参照汽车停放位置简图（图 3.69）。

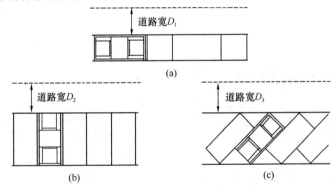

图 3.69　汽车停放位置简图

（a）平行式；（b）垂直式；（c）斜列式 45°

3. 公园大门类型

（1）柱墩式大门

柱墩由古代石阙演化而来，在现代公园大门广为适用。一般作对称布置，设 2～4 个柱墩，分出大小出入口，在柱墩外缘连接售票室或围墙，如图 3.70 所示。

（2）牌坊

牌坊是我国古代建筑上很重要的一种门。如图 3.71（a）所示，牌坊是在台基的冲天柱上加横梁（或额坊），以形成入口，如果在横梁上再作斗拱、屋檐，即起楼，如图 3.71（b）所示，我们通常称之为牌楼。牌坊（牌楼）有一、三、五间之别，三间最为常见；牌楼起楼有二层或三层的。

（3）屋宇门

图 3.70 柱墩式大门

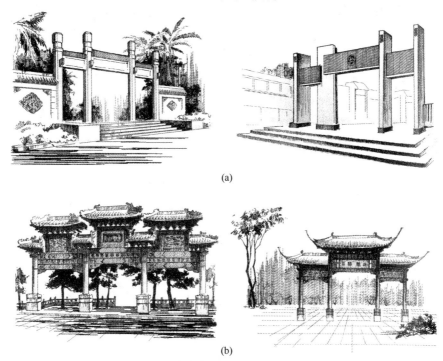

(a)

(b)

图 3.71 牌楼类型

（a）牌坊；（b）牌楼

屋宇门是我国传统大门建筑形式之一。门有进深，如二架、三架、四架、五架、七架等，如图 3.72 所示，其平面布置是，在前面柱安双扇大门，后檐柱安四扇屏门，左右两侧有折门，平日出入由折门转入院庭，门面一般为一间，官宦人家可用三间、五间。庙宇门常作三间、五间。寺庙山门常用单檐歇山顶，周围用厚墙，前后墙上开圆门洞或圆券门洞。古典园林苑圃，常用五间、七间的两层楼房，成为外观壮丽的门楼，如图 3.73 所示。

（4）门廊式

随建筑结构、材料、施工技术的发展，建筑形式也随之变化。为了与公园大门开阔的面宽相协调，大门建筑也可采用廊式建筑，一般屋顶多为平顶、拱顶、折板，也有悬

图 3.72 屋宇式

图 3.73 门楼式

索等新结构，如图 3.74 所示。门廊式造型活泼、轻巧，可用对称或不对称构图，目前在各处公园普遍运用。

图 3.74 门廊式

（5）墙门式

墙门式是我国住宅、园林中常用的门之一。常在院落隔墙上开小门，很灵活、简洁，也可用在园林建筑的出入口大门。在墙壁上开门洞，再安上两扇屏门，很素雅，门后常有半屋顶屋盖雨罩以作过渡，如图 3.75 所示。

（6）其他形式大门

近年来由于园林类型的增多，建筑造型也随之丰富，各种形式的园林大门层出不穷，如花架门也广泛运用在园林中。如图 3.76 所示，该风景区入口合理应用花架门，富有民族特色，增加视觉多样性。

儿童公园则常用动物造型、各类雕塑作为大门标志；公园大门常用各种高低的墙

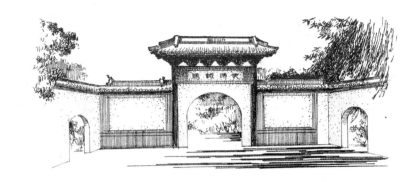

图 3.75　墙门式

图 3.76　花架式景区入口

体、柱墩、花盆、亭、花格组合成各具特色的公园大门。如图 3.77 所示，以穿斗式传统建筑构造为创意理念，设计了具有民俗风格的景区入口，并与景区建筑风格及周围环境保持和谐、协调。

图 3.77　其他形式大门

二、职业活动训练——大门及入口设计

1. 承担设计任务书

根据单元一项目一的建筑场地设计成果及相关资料完成景观区域大门入口的初步设计，道路系统可根据大门布局微调。

在大门入口景观设计中，如果有建筑物必须为一组，不允许分散设置。露台、平台、无遮盖廊道不计入建筑面积。

设计内容包括：

（1）门卫管理：10～12m²，门卫休息：8～10m²。

（2）集散内外广场景观规划。

（3）车辆停放处：机动车16个泊位、自行车30个车位。

2. 分析研究

1）分析题目（任务书），明确要求，具体如功能、景观、形式和设计条件等，到图书馆找游船码头设计的相关资料作参考书。

2）调查分析收集资料，实际考察已有类似建筑，吸取他人的设计经验。

3）作方案设计（构思或图式思维）

（1）构思的形式

有的从平面布局开始，再到立面和剖面；有的从立面或造型着手再到平立剖面设计。对于初学者，一般来说从平面着手较为容易。

（2）构思方法

构思一般是通过对以简洁明了的草图反复地分析—创作—表达来进行的。

第一轮草图一般先用功能气泡图作功能上的分析，进一步用框图（功能关系图）表示各功能的大致组合布局，并以单线徒手画出块体组合示意或称块体组合。

定稿的最后一轮草图，与正图之区别就在于线型的准确性，但也要用尺子画。注意每一轮草图完成后必须认真地与教师或同学互相探讨，以完善设计而得到最佳方案。

4）绘出正式方案表现图。本次作业可以采用CAD、Photoshop、草图大师等计算机绘图，出图图幅为A3，采用计算机打印出图需同时提交电子稿和打印稿。

3. 设计内容和深度要求

设计内容包括总平面、平面图、立面图、剖面图、效果图，深度达到初步设计的要求。

1）总平面图：总平面图是表示建筑物、构筑物和其他设施在一定范围的基地上布置情况的水平投影图，简称总平图。具体地说。它表示基地的形状、大小、朝向、地形、地貌，新建筑物的定位、朝向、占地范围、各房屋间距，室外场地和道路布置、绿化配置以及其他新建设施的位置等。实际上总平面图可以说是规划设计图的一部分。

在本次设计的总平面图要求为：

（1）比例可采用1：500，1：300或1：200，也可自定；

（2）总平面图中的建筑可采用平顶法（图3.78）或剖平面法（图3.79）表示，建议采用平顶法；

（3）画出建筑周围的道路、绿化、建筑小品等，周围如有其他建筑也应表示出来；

（4）画出指北针，标注图名、比例。

2）平面图：比例1：100，底层到屋顶各平面，标注房间名称、标高，标注定位轴线，并标注两道尺寸。

3）立面图：比例1：100，两个以上，标注标高及外墙面材质、色彩。

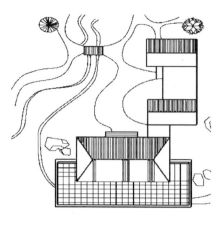
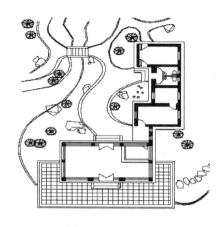

图 3.78　平顶法　　　　　　　　　　　　　图 3.79　剖平面法

　　4）剖面图：比例 1∶100，一个，必须反映地势高差及房屋内部空间在垂直方向的组合关系。

　　5）效果图：一个以上，必须要有一个能反映建筑物整体外观的室外透视图。

　　6）附以简要说明：主要表达本设计分析过程、设计立意和主要特点。

项目三　游船码头设计

 学习目标：

了解游船码头的功能与组成、类型、设计要求，熟悉相关设计规范，掌握其设计方法。

 能力标准：

根据游船码头的设计任务书及相关资料完成游船码头的方案设计。

一、应知部分

1. 游船码头的功能与组成

（1）游船码头的功能

游船码头是园林中水陆交通的枢纽，以旅游客运、水上游览为主，还作为园林中自然、轻松的游览场所，又是游人远眺湖光山色的好地方，因而备受游客的青睐。若游船码头整体造型优美，可美化园林环境。

（2）码头的组成

根据游船码头的主要功能，其基本组成主要包括水上平台、蹬道台级、售票室与检票口、管理室、靠平台工作间、游人休息和候船空间、集船柱桩或简易船坞等。根据园林的规模、性质等因素，其基本组成可作适当增减，如图 3.80 所示。

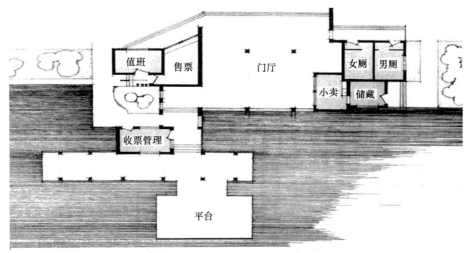

图 3.80　游船码头的组成

2. 设计要求

1）位置选择

（1）周围环境

①自然因素。利用季节风向，避免风口船只停靠不便和夏季高温；避免夕阳的低入射角光线的水面反光，对游人眼睛刺激强烈，使游船使用十分不便；

②设立位置。位置要明显，游人易于发现；

③交通设置。交通要方便，一般游船码头应设在园林主次要出入口的附近，最好是接近一个主要大门，游人易于到达，但不宜正对入口处，以避免众多人流影响园中其他部分的活动及妨碍水上景观。

（2）水体条件

①根据水体面积的大小、流速、水位情况考虑游船位置。若水面较大要注意风浪，游船码头不要在风口处设立，最好设在避开风浪冲击的湾内，便于停靠；

②若水体较小，要注意游船的出入，防止阻塞，宜在相对宽阔处设码头；

③若水体流速较大，为保证停靠安全，应避开水流正面冲刷而选择在水流缓冲地带。

（3）观景效果

①对于宽阔的水面要有对景，让游人观赏；

②若水体较小，要安排远景，创造一定得景深与视野层次，从而取得小中见大的效果。

③一般说来，游船码头应地处风景区的中心位置或系列景色的起点，以达到有景可赏，使游人能顺利依次完成游览全程。

2）水上平台

水上平台是供游人候船、上船、登岸的地方，是码头的主要组成部分。水上平台应有足够的面积，面积根据停船的大小、多少而定，一般高出常水位 300～500mm，并且应紧贴水面，有亲水感；平台上人流应保持畅通，避免拥挤，故应将出入人流分开，以便尽快疏散；平台应选择适宜的朝向和采取相应的遮阴措施，其长度至少不小于两只船的长度 4m 左右，留出上下人流和工作人员的活动空间，一般进深 2～3m。

另外，大型或专用停船码头应设拴船与靠岸缓冲设备调节；若为专供观景的码头，可设栏杆与座凳，既起到防护作用，又可供游人休息、停留，观赏水面景色，同时还能够丰富游船码头的造型。

3）蹬道台阶

蹬道台阶是为平台与不同标高的陆路联系而设。台阶的高度一般为 120～150mm，踏面宽度一般为 280～400mm，每 7～10 级台阶应设休息平台，这样既能保证游人安全，又为游客提供不同高度的观景。

4）收售票室和管理室

收售票室一般采用大高窗，应注意朝向，避免西向，如果朝西最好设置遮阴棚；注意室内通风，最好有穿堂风，售票室设置面积一般控制 10～12m²；检票室在人流较多时维护公共秩序极有必要，设置面积一般控制 6～8m²，有时也可以采用检票箱和活动检票室的形式，方便、灵活且节省造价。

管理室一般设置在码头建筑的上层，为工作人员休息、对外联系之用。位置应选择在和其他各处有便于联系的地方，每间房屋面积设置一般控制 15～18m²。注意室内空间应宽敞，通风采光应较好，并应设有接待办公用的家具，如沙发、办公桌椅等。

5）卫生间

码头卫生间一般选择较隐蔽处，设置面积一般控制在 $5\sim7m^2$，并且应和其他管理用房联系紧密。

6）候船空间

候船空间可结合亭、廊、花架等建筑设置组合成景，既可作为游船候船的场所，又可以供游人休息，同时还可丰富游船码头的造型，从而点缀水面景色。

7）集船柱桩或简易船舱

集船柱桩或简易船舱是供夜间收集船只或雨天保管船只用的设施，应与游船水面有所隔离。

8）游船码头空间设计

（1）平面空间布局

通常较复杂的码头平面按功能进行分区，大的方面可以分成三个大区，包括管理区、游人活动区、码头区，细分如下：

①管理区：售票室、办公室、休息室、厕所、维修储藏室；

②游人活动区：休息亭廊、小卖部、储藏室、茶室；

③码头区：水上平台。

各功能区域之间的关系如图 3.81 所示。

在平面布局时，整个码头应视为一个建筑整体，办公管理区应和游人休息区有方便的联系，以便管理方便。管理区尽可能集中，避免工作人员的交通路线和游人活动路线的交叉，以免互相干扰，有的情况管理区可单独设置入口。

游人上下船的路线组织形式一般分为两种方式，其一，游人凭票上下船，上下船人流不进行分流，是一种开放型的管理方法，节省管理人员，但因人流不分，管理较混乱；其二，上下船人流分开，设检票处，增加管理人员，人流管理较有序，如图 3.82 所示。

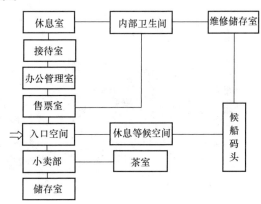

图 3.81　码头各功能空间关系

平面组合时，在满足面积要求的前提下，运用构成的有关知识进行组合和划分空间，但应有一定的设计母体，做到既统一又有变化，并尽可能接近一个合适的比例，如黄金分割、方根矩形等比例关系。在各种形体组合时应在满足功能要求的前提下，形体之间有一定的几何关系，如方和圆的组合，做到设计富有理性和秩序性，并应注意平面的开合收放变化、对比关系的处理。

驳岸可根据湖岸宽度、坡度、水面大小安排，可布置成垂直岸线或平行岸线的直线形或弧线形。如果驳岸为垂直面，可设计挡土墙，并可在挡土墙的石壁上设计雕塑等装饰，以增加码头的景观效果，还应设置栏杆、灯具等。

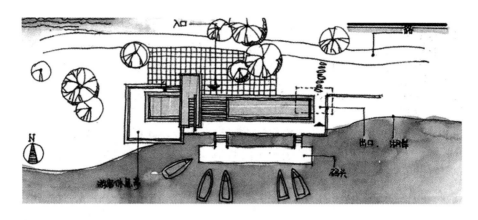

图 3.82　某游船码头总平面图

（2）立面造型、竖向设计

立面造型应较丰富。对于码头来讲本身要成景，应有一定的风景建筑的特点，造型丰富，有虚实对比关系，并注意运用平面构成的有关知识进行形体的加减、组合，使形体丰富；各空间的室内地坪应有变化。如某水位和池岸的高差较大，可做上下层的处理（从池岸观是一层，从水面观是二层）和设置台阶式，建筑看似低临水面，具有亲水感；屋顶形式平、坡屋顶均可，变化丰富，若二者组合则有立面上的对比关系，使立面更加丰富；同时需了解水面的最高、最低水位，以确定码头平台的标高，如图 3.83 所示。

图 3.83　某游船码头总立面图

（3）风格塑造

既要和整体环境的建筑风格相协调，又要有码头建筑的性格，飘逸、富有动感，如屋顶做成帆形、折板顶或圆穹顶等，以便和水的性格相符。对于建筑风格来讲可以是现代的也可以是仿古的，可以是东方的也可以是欧式的，并富有当地的民族风格。

（4）安全性问题

码头建筑临水，且儿童使用频率高，安全隐患较多，在具体设计时一定注意其安全性问题，应设置告示栏、栏杆、护栏等安全宣传保护措施。具体设计时可参阅相应的设计规范要求，如北京市地方标准《游船码头安全设置规范》（DB 11/666—2009）。

3. 游船码头的形式

常用游船码头的形式主要有驳岸式、伸入式、半伸入式和浮船式。

（1）驳岸式

一般城市公园水体不大，结合岸壁修建码头经济、实用，又可以用灯饰、雕刻加以点缀成景。这是最常用的形式，如图 3.84 所示。

图 3.84　驳岸式码头

（2）伸入式

用在水面大的风景区、水体。不修驳岸，而停的船又吃水深。这种码头可以减少岸边湖底的处理，直接把码头伸入水位较深位置，便于停靠，如图 3.85 所示。

图 3.85　伸入式码头

（3）半伸入式

码头的一半伸入水面，作为水上平台和检票用，以便管理；另一半在岸上，供游客候船和休息用，如图 3.86 所示。

（4）浮船式

如图 3.87 所示，浮船式码头可以适应高低不同的水位，总能与水面保持合理的高度，但浮船式码头景观效果不明显，在实际游船码头设计中应用不是很多。如果水位多变化且落差较大，可参照图 3.88 所示原理进行设计。

二、职业活动训练——游船码头设计

1. 承担设计任务书

游船码头的选址如图 3.89 所示，根据以下条件设计该游船码头的方案。

1）码头可停靠小型游船 10～15 只（船宽约 1.6m，长约 3m）。建筑 1～2 层，结构形式不限；

图 3.86　半伸入式码头

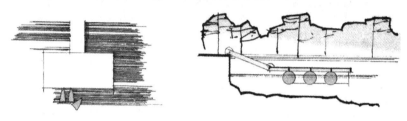

图 3.87　浮船式码头

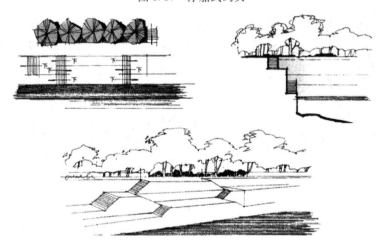

图 3.88　某游船码头示意图

2）景区内建筑风格均为现代建筑，注意考虑景区建筑特点；

3）可设休息亭（或榭），休息亭（或榭）可伸入湖面 5～10m，以丰富岸边轮廓线，注意相应环境小品的配套设计；

4）用地概况：码头设在半径 200m 的水面上，建筑总面积 130m²，可浮动 10%，水面形式可根据建筑设计形式作调整，但内凹或外凸幅度控制在两米以内。设计内容为：

（1）售票 12m²；

（2）工作人员休息室 10m²；

（3）办公室 1 间，共 15m²；

（4）工具及维修储藏间 10m²；

（5）休息亭（或榭）：码头附近，50m²；

（6）检票、上下船等空间形式及面积自定；

（7）卫生间 25m²；

结合必要的绿化及场地整治，将该园林建筑设计成为公园的一个重要景点。

2. 分析研究

（1）分析题目（任务书），明确要求，具体如功能、景观、形式和设计条件等，到图书馆寻找游船码头设计的相关资料做参考书。

（2）调查分析收集资料，实际考察已有类似建筑，吸取他人之设计经验。

（3）做方案设计。

（4）绘出正式方案表现图。本次作业可以采用 CAD、Photoshop、草图大师等计算机绘图，出图图幅为 A3，采用计算机打印出图并同时提交电子稿和打印稿。

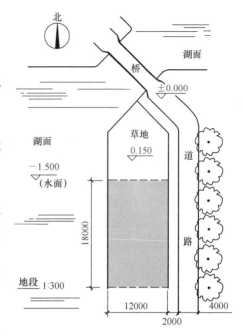

图 3.89　游船码头场地现状图

3. 设计内容和深度要求

设计内容包括总平面图、平面图、立面图、剖面图、效果图，深度达到初步设计的要求。

1）总平面图：总平面图是表示建筑物、构筑物和其他设施在一定范围的基地上布置情况的水平投影图，简称总平图。具体地说，它表示基地的形状、大小、朝向、地形、地貌，新建筑物的定位、朝向、占地范围、各房屋间距，室外场地和道路布置，绿化配置以及其他新建设施的位置。

在本次设计的总平面图要求为：

（1）比例可采用 1∶500，1∶300 或 1∶200，也可自定；

（2）总平图中的建筑采用平顶法；

（3）画出建筑周围的道路、绿化、建筑小品、水岸线、码头等。周围如有其他建筑也应表示出来；

（4）画出指北针，标注图名、比例。

2）平面图：比例 1∶100，底层到屋顶各平面，标注房间名称，标高，标注定位轴线，并标注两道尺寸。

3）立面图：比例 1∶100，两个以上，必须有临湖立面；标注标高及外墙面材质、色彩。

4）剖面图：比例 1∶100，一个，必须反映地势高差及房屋内部空间在垂直方向的组合关系。

5）效果图：一个以上，必须要有一个能反映建筑物整体外观的室外透视图（彩色）。

6）附以简要说明：主要表达本设计分析过程、设计立意和主要特点。

单元四　园林建筑小品

项目一　园林建筑小品的设计

 学习目标：

了解园林建筑小品在园林中的作用和地位，掌握园林建筑小品的种类。重点掌握服务类小品、装饰小品和展示类小品的设计内容和要求。

 能力标准：

能根据建筑场地设计成果及相关资料完成该景观工程的服务类小品、展示类小品的设计。

一、应知部分

所谓园林建筑小品就是指体形小、数量多、分布广、功能简单、造型别致、具有较强的装饰性、富有情趣的精美设施。

1. 概述

1）园林建筑小品的地位

（1）园林建筑小品是园林环境的组成部分，有着各自不同的使用功能，都是作为组景的一部分，起着组织空间、引导游览、点景、赏景、添景的作用。

（2）园林建筑小品中有一部分属于公共艺术范畴，公共艺术承担着宣扬民族精神和地域文化、陶冶情操的作用。

2）园林建筑小品类型

（1）服务小品

供游人休息、遮阳用的廊架、座椅，为游人服务的电话亭、洗手池，为保持环境卫生的废物箱等。

（2）装饰小品

各类绿地中的雕塑、景墙、水缸、栏杆、漏窗、洞门等，有的也兼具其他功能。

（3）展示小品

各种布告栏、导游图、指路标牌、说明牌等，起到一定的宣传、指示、教育的功能。

（4）照明小品

以草坪灯、广场灯、景观灯、庭院灯、射灯等为主的灯饰小品。

3）园林建筑小品的作用

（1）作为被观赏的对象。

（2）运用小品的装饰性来提高园林建筑的鉴赏价值。

（3）将功能作用较明显的桌凳、地坪、踏步、桥岸、灯具和牌匾等予以艺术化、景致化，可取得一定的艺术趣味。

2. 各类建筑小品分析

1）服务类小品

服务类小品包括供游人休息、遮阳用的花架、座椅，为游人服务的电话亭、洗手池，为保持环境卫生的废物箱等。

（1）座椅

座椅是园林中最常见、最基本的“家具”，是供游人休息的必要设施。座椅在园林中除了实用功能，还具有组景、点景的作用。在设计中，常结合环境，用自然块石或用混凝土作成仿石、仿树墩的凳（图4.1）、桌；或利用花坛、花台边缘的矮墙和地下通气孔道作为椅、凳（图4.2）等；围绕大树基部设椅凳，既可休息，又能纳阴。其设计要点为：

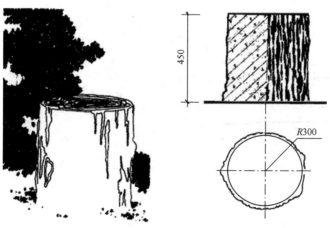

图4.1　仿树墩的凳

①满足人的心理习惯和活动规律的要求；

②园林中有特色的地段，面向风景，视线良好，较好的人的活动区域；

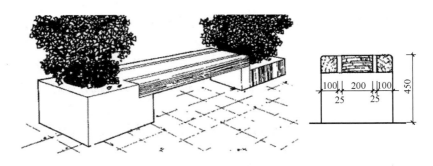

图 4.2　与花台结合设置座椅

③方便性和私密性的要求；

④座椅的数量应根据人流量大小而定；

⑤座椅尺度符合人体工程学。

座椅制作材料可采用木材、石材、混凝土、陶瓷、金属、塑料等。对于实木材料要作防腐处理，金属需作防锈处理。在现代景观设计中，有些座椅可根据景观的类型、风格，根据厂家所提供的座椅类型直接选用。

（2）花架

花架又称棚架，是用刚性材料构成一定形状的供攀缘植物攀附的格架，植物攀附之后形成花架的顶，既具有廊的功能，且比廊更接近自然，融合于环境之中，因此又叫绿廊。花架可作遮荫休息之用，并可点缀园景。花架设计要了解所配置植物的原产地和生长习性，以创造适宜于植物生长的条件和造型的要求。

花架的形式灵活多样，其尺度一般开间为 3～4m，进深多为 2.7m、3m、3.3m，高度在 3m 左右。从平面形式看，花架有条形、圆形、转角形、多边形、弧形等；从花架构造看，可分为：

①廊式花架。这是最常见的形式，片版支承于左右梁柱上，游人可入内休息，如图 4.3 所示。

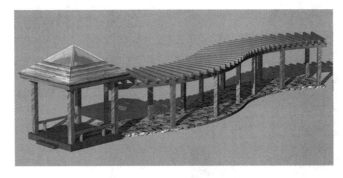

图 4.3　廊式花架

②片式花架。片版嵌固于单向梁柱上，两边或一面悬挑，形体轻盈活泼，如图 4.4 所示。

③独立式花架。以各种材料作空格，构成墙垣、花瓶、伞亭等形状，用藤本植物缠绕成型，供观赏用，如图 4.5 所示。

图 4.4　片式花架　　　　　　　　　　　　图 4.5　独立式花架

花架常用的建筑材料有：

①竹木材。竹木材朴实、自然、价廉、易于加工，但耐久性差。竹材限于强度及断面尺寸，梁柱间距不宜过大。

②钢筋混凝土。钢筋混凝土可根据设计要求浇灌成各种形状，也可做成预制构件，现场安装，灵活多样，经久耐用，使用最为广泛。

③石材。石材厚实耐用，但运输不便，常用块料作花架柱。

④金属材料。金属材料轻巧易制，构件断面及自重均小，采用时要注意使用地区和选择攀缘植物种类，以免炙伤嫩枝叶，并应经常油漆养护，以防脱漆腐蚀。

（3）垃圾箱

垃圾箱主要设置于休息观光通道两侧，如图 4.6 所示，主要形式有固定型、移动型、依托型等。在现代景观设计中，根据景观的类型、风格，垃圾箱一般可以根据厂家所提供的垃圾箱类型直接选用，设置在景区内合适的位置。

图 4.6　垃圾箱示意图

2）装饰类小品

装饰类小品包括雕塑、景墙、水缸、栏杆、漏窗、洞门等在园林中起点缀作用的小品。其特点是装饰手法多样，内容丰富，在园林中起到重要的作用。

（1）雕塑小品

我国古典园林中就有大量雕塑小品存在，如石牛、石鱼。雕塑在现代园林中占有相当重要的地位。雕塑小品可以赋予景观空间以生气和主题，通过以小巧的格局、精美的造型来点缀空间，使空间诱人而富于意境，提高了环境景观的精神品质。

雕塑是当代公共艺术中一种常见的方式，也是公共艺术的最佳载体，它已经成为城市生活和环境中不可缺少的艺术样式，也是公共艺术、环境艺术整体中重要的组成部分。

雕塑类型从表现手法上可分为具象雕塑和抽象雕塑；按雕塑的空间形式可分为圆雕、浮雕、透雕；按使用功能一般分为纪念性雕塑、主题性雕塑、装饰性雕塑、功能性雕塑等。

雕塑设计首先要注重雕塑自身的材料、布局、造型的整体性，其次是与环境空间、文化传统相统一；第二需体现时代感，立意反映当今时代主题，结合现代材料，形式上体现地域人文精神；第三，注意与配景，与其他景观小品的结合。

①圆雕。如图4.7所示，多角度观赏及触摸是圆雕的特点，它具有高、宽、深三度空间，是雕塑艺术的主体形式。在公共空间中，圆雕也是最能主导和揭示空间气氛的公共艺术，它可以借助于艺术的象征性、隐喻性和永恒性来表现不同的艺术观念和人类情感。其艺术语言和艺术表现基本上可以代表城市雕塑的主流。

②浮雕。如图4.8所示，浮雕主要是依靠形体的凹凸起伏来表现物体的立体感，在塑造空间感方面，它比绘画更直接一些；而与圆雕相比，浮雕又趋于平面化。

图4.7　圆雕　　　　　　　　　　　　　　　　图4.8　浮雕

③透雕。在浮雕的基础上，镂空其背景部分，大体有两种：一是在浮雕的基础上，一般镂空其背景部分，如图4.9、图4.10所示，一般有边框的称"镂空花板"；二是介于圆雕和浮雕之间的一种雕塑形式，也称凹雕，镂空雕。

图4.9　透雕

图 4.10　御路踏跺

④纪念性雕塑。这种雕塑是具有实地文化特性的公共艺术，根据当地的历史、生活习俗和文化来塑造作品，以介绍实地的文化背景。如图 4.11 所示，在美国南达科他州黑山地区的拉什莫尔山山峰上，雕刻有华盛顿、杰斐逊、罗斯福、林肯 4 位美国总统的巨大雕像。这个巨像群就是"美国国家纪念碑"，它和周围美丽的湖光山色融为一体，具有永久性的历史纪念意义和高度的艺术价值。

图 4.11　纪念性雕塑

⑤标志性雕塑。标志性雕塑具有主导性和象征意义，也可以说是一种识别体系，它是关于历史文脉、文化信息的一种传达，鲜明地反映历史及其发展趋势和强烈的时代精神面貌，突显城市环境的主题。

如图 4.12 所示，为美国的自由女神像，是法国在 1886 年赠送给美国的独立 100 周年礼物。美国的自由女神像坐落于美国纽约州纽约市附近的自由岛，是美国重要的观光景点及地标。雕像下部是由美国人设计、集资筑成的高 46.9m 高的宏伟基座。中间是一个高 12.3m 高的平台，上面安置着 33.8m 的雕像，平台和雕像共高 46.1m，全是由法国人制造的。1984 年，自由女神像被列为世界文化遗产。

⑥抽象雕塑

抽象雕塑是指非具象雕塑，也就是说除写实的雕塑之外都是抽象雕塑。抽象雕塑的含义，不特指具体的雕塑形象，抽象雕塑对形体的要求不

图 4.12　标志性雕塑
（美国的自由女神像）

严格，不必和实际的东西相像，但不等于抽象雕塑没有要求，它要求其他的境界：有的是完全抽象，它要求具有美观的特征，还要求有内在的涵义，比如不锈钢锻造的流线形体，必须美观，线条流畅，块面平滑等；另一种是半抽象，也叫意象，它要求有一点像某一具体事物，而又简化变形，也要表现出夸张的美感以及内在的涵义，比如抽象人体。抽象可以表现出写实所无法表现的超出现实之外的境界，因为它可以不考虑具体形状。

如图 4.13 所示，"五月的风"是坐落在青岛"五四广场"的标志性雕塑，高达30m，直径27m，重达 500 余吨，为我国目前最大的钢质城市雕塑。该雕塑以青岛作为"五四运动"的导火索这一主题充分展示了岛城的历史足迹，深含着催人向上的浓厚意蕴。雕塑取材于钢板，并辅以火红色的外层喷涂，其造型采用螺旋向上的钢板结构组合，以洗练的手法、简洁的线条和厚重的质感，表现出腾空而起的"劲风"形象，给人以"力"的震撼。雕塑整体与浩瀚的大海和典雅的园林融为一体，成为"五四广场"的灵魂。

⑦装饰性雕塑

装饰性雕塑是以装饰为目的而进行的雕塑创作。现在城市之中除了主题性雕塑、纪念性雕塑，又出现了一批以装饰和美化城市环境为目的的装饰性雕塑作品。

装饰性雕塑应该以美的姿态、美的造型、美的构图形成美的画面，给人精神上以美的享受，所以成功的装饰性雕塑就像一首抒情诗，一幅优美的画，美化着生活，陶冶着人们的情操。它会受到人们的重视，使之引为自豪，甚至被作为城市的标志。图 4.14 是广州的"五羊雕塑"。

图 4.13　抽象雕塑（五月的风）　　　　图 4.14　广州的"五羊雕塑"

装饰性雕塑中有一种喷水雕塑（图 4.15），对于改变环境、活跃城市气氛、增加雕塑装饰性的光彩有很好的作用。装饰性雕塑大多是独立存在的，它们可以设置在广场、街心、人行道旁以及公园中。

好的装饰性雕塑是环境的有机组成部分，在艺术情趣上必须与环境统一、协调，而它自身又是能够满足人们审美鉴赏的艺术品。也有些装饰性雕塑是附着在建筑上的，为装饰建筑物而设置，用以配合主体建筑美化环境。

装饰性雕塑区别于其他雕塑，造型较为宽泛，艺术手段夸张，以其独特的表现手法来衬托和点缀主体，如图4.16所示。

图4.15　景墙（喷水雕塑）

图4.16　装饰性雕塑

（2）景墙

园林景墙主要功能体现在隔断、划分组织园林空间，具有围合，标识，衬景的功能；还可装饰、美化环境，制造气氛并使人产生亲切感、安全感。在现代园林中，景墙的主要作用是造景。景墙可分为传统式园墙和现代景墙。

①传统式园墙。传统式园墙主要表现为园墙（图4.17）和围篱等形式，根据其材料的不同，包括砖、瓦、轻钢、绿篱等类型的园墙；从外观看，又有高矮、曲直、虚实、光洁与粗糙、有檐与无檐之分。区分园墙的重要标准就是压顶，压顶的类型不一样，风格就不一样。

②现代景墙。现代景墙在传统围墙的基础上注重与现代材料和技术的结

图4.17　传统式园墙

合，主要有以下形式：石砌围墙、土筑围墙、砖围墙、钢管围墙、钢筋混凝土围墙（图4.18）、木栅围墙等。

现代景墙常以变化丰富的线条来营造轻快、活泼的气氛；或以体现材料的质感和纹理；或加以浮雕艺术衬托景观效果。在设计中常与其他景观要素结合设计，如与花池

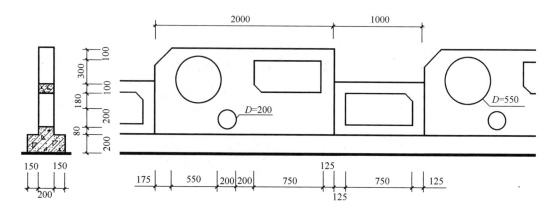

图 4.18　钢筋混凝土围墙

（图 4.19）、雕塑（图 4.20）、水景等结合设计。

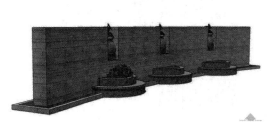

图 4.19　景墙与花池结合设计

图 4.20　景墙与雕塑结合设计

（3）水缸

园林景观设计具有"无水不活"的特点，但并不是处处都需要设计大型水景，如人工湖、水池、瀑布、叠泉等。根据景观的需要，水缸在园林景观设计中作为陈列小品应用较为普遍，往往可扩展游客的想象空间，联想到水体；或者利用水缸设计滴水，活跃景观要素，如图 4.21 所示。

图 4.21　陈列小品（水缸）

如图 4.22 所示，水缸的灵活应用会收到意想不到的效果，让花卉产生动态，形成流动趋势的花溪。

（4）栏杆

栏杆在中国古代称阑干，也称勾阑，是桥梁和建筑上的安全设施。在园林景观设计中，栏杆具有分隔、导向的作用，使被分割区域边界明确清晰，好的栏杆设计，具有装饰意义。

现代栏杆的材料和造型多样。从形式上看，栏杆可分为节间式与连续式两种。前者由立柱、扶手及横挡组成，扶手支撑于立柱上；后者具有连续的扶手，由扶手、栏杆柱及底座组成，园林中多用节间式的，能产生一定的韵律感，如图 4.23 所示。根据栏杆所用材

图 4.22　陈列小品（水缸）

料不同，又可分为木制栏杆、石栏杆、不锈钢栏杆、铸铁栏杆、石栏杆、水泥栏杆、组合式栏杆等。

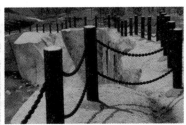

图 4.23　栏杆（节间式）

对于栏杆的尺寸，低栏一般高 0.2～0.3m，中栏 0.8～0.9m，高栏 1.1～1.3m；栏杆柱的间距一般为 0.5～2m。

（5）门洞与窗洞

①门洞。中国园林的园墙常设墙洞，由于没有门扇，又称洞门。洞门既是通道，起着引导游览、沟通空间的作用，同时又是造型各异的取景框，在洞门内外设翠竹、红花、奇石、盆景，透过洞门就能看到一幅框中之景、框中的画。有的园林在一条轴线上连续有两个或两个以上的洞门，一眼望去，门内有门，景中还有景，院落层层，造成"庭院深深几许"的意境。洞门上方多数都题上文字，或拟景，或抒情，将人导入某种自然的或精神的境界之中。

洞门在形式上分为几何形和仿生形。如图 4.24 所示，几何形主要有圆形、横长方、直长方、圭形、多角形、复合形等；仿生形主要有海棠、桃、李、石榴、葫芦、汉瓶、如意形等。园林中用的较多的为圆形或者半圆，也叫做月洞门，寓意游人通过月洞门进入月宫般的一种仙境，如图 4.25 所示。

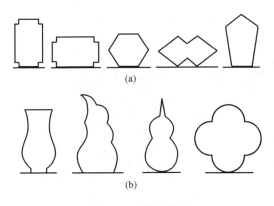

图 4.24　洞门形式

(a) 几何形；(b) 仿生形

图 4.25　月洞门

②窗洞。窗洞又分为空窗、漏窗、假窗。

园墙上不装窗扇的窗洞称为空窗，即可供采光通风，也可作取景框，其形状有六角、方胜、扇面、梅花、石榴等，常在墙上连续开设，形状不同，称为"什锦窗"，如图 4.26 所示。园林中，一般在窗下栽植南天竹、石竹、罗汉松等，与之构成的框景，如一幅幅立体图画，小中见大，引人入胜。

图 4.26　什锦窗

漏窗是窗洞内有镂空图案的窗，俗称花墙头、漏花窗、花窗，是一种满格的装饰性透空窗，外观为不封闭的空窗，窗洞内装饰着各种漏空图案，透过漏窗可隐约看到窗外景物。为了便于观看窗外景色，漏窗高度多与人眼视线相平，也有专为采光、通风和装饰用的漏窗，离地面较高。漏窗是中国园林中独特的建筑形式，也是构成园林景观的一种建筑艺术处理工艺，通常作为园墙上的装饰小品，江南宅园中应用很多，尤其在苏州园林，漏窗具有十分浓厚的文化色彩。

漏窗构筑形状多样，花纹图案多采用瓦片（图 4.27）、砖雕、灰塑、木竹材等制作，有以线条为构图元素的葵花（图 4.28）、万字（图 4.29）、冰纹、回纹、盘长、套方等形状；如图 4.30 所示，也有以人物、花鸟、神兽、山水等题材进行构图设计的，设计中可结合传奇小说、戏曲及佛、道故事题材，体现文化寓意。

图 4.27　漏窗（瓦片）

图4.28　漏窗（葵花纹）　　　　　　图4.29　漏窗（万字纹）

图4.30　漏窗（神兽、花鸟）

　　如图4.31所示，为苏州狮子林的"四雅"漏窗，即琴、棋、书、画四漏窗，极具文化意义。所谓"四雅"，指的是古代文人所喜爱的琴、棋、书、画四桩雅事，也可以说是中华文明独特的四大内容。四个不同形状的漏窗中，依次塑有古琴、围棋棋盘、函装线书、画卷，这些富于鲜明文化特色的图案内容，为园林增添了雅气。

  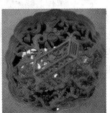 

图4.31　苏州狮子林的"四雅"漏窗

　　空窗、漏窗是建筑艺术中一个招人注目的"美人眼"。从窗口游人可以感悟到"尺幅窗，无心画"的魅力。山光、流水、月色、花香等天然风光可以在窗中欣赏；峰峦丘壑、深溪绝涧、竹树云烟、楼台亭榭，成为窗中的一幅幅风格不同的山水画。

　　假窗在园林中也叫园林盲窗，假窗多设于寺庙园林建筑墙面、照壁上，造型多为圆形、方形等。假窗即不透气又不采光，仅起装饰墙面的作用，所以称为假窗。假窗缘于宗教修行的需要而设置，寺庙园林建筑以封闭性为主，不宜设置大量的通透性门窗。由于假窗具有通透的感觉，让游人感觉似透非透，可引发人们的想象空间，假窗的造型与装饰又美化了建筑墙面。假窗的装饰工艺多采用镂空木雕、砖雕或灰塑工艺，题材多表现各种吉祥图案或佛道人物故事等，如图4.32所示。

　　3）展示类小品

　　随着信息技术、科学技术的发展，以及美学在景观中的应用，城市信号装置日趋多

图 4.32 假窗（园林盲窗）

样化协调发展，包括各种各样关于旅游和日常生活的导游信息标识、安全警示标志等。

（1）信息展示类

①材料、造型、色彩及设置方式要与其他小品取得整体性，但又具有个性。

②设计尺度和安放位置要易于被发现和方便阅读。

③避免阳光直射展面。

如图 4.33、图 4.34、图 4.35、图 4.36 所示，分别为景区导游信息展示栏、景点解说牌、指示牌等，对人们具有一定的指导、宣传、教育的功能。

图 4.33 某景区导游信息展示栏

图 4.34 景点解说牌 　　　 图 4.35 道路指示牌

（2）标志展示类

①具有易识易读的特点，可运用形、符号、色彩、图案、文字等视觉元素来加以

图 4.36　某景区提示牌

设计。

②根据环境特色而设计与之相统一的标志物。

③位置的选择，宜人的尺度，考虑人类的视觉习惯。

如图 4.37、图 4.38、图 4.39 所示，为某景区部分景点标志、路标和警示标志。

图 4.37　景点标志

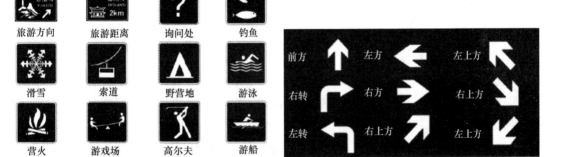

图 4.38　路标

图 4.39　警示标志

4）照明类小品

照明小品种类繁多，主要包括行路灯、草坪灯、地埋灯、装饰灯、广场灯、射灯等。园灯的基座、灯柱、灯头、灯具都有很强的装饰作用。

（1）园灯中使用的光源及特征

①汞灯。使用寿命长，是目前园林中最合适的光源之一；

②金属卤化物灯。发光效率高，显色性好，适用于照射游人多的地方，但使用范围受限制；

③高压钠灯。效率高，多用于节能、照度要求高的场所，如道路、广场、游乐园

之中。

④荧光灯。由于照明效果好，寿命长，在范围教小的庭院中适用，但不适用广场和低温条件工作；

⑤白炽灯。能使红、黄更美丽显目，但寿命短，维修麻烦。

（2）园林中使用的照明器及特征

①投光器。多用白炽灯，用于高强度放电处，能增加节日快乐的气氛，能从一个反向照射树木、草坪、纪念碑等；

②杆头式照明器。布置在院落一例或庭院角隅，适于全面照射铺地路面、树木、草坪，有静谧浪漫的气氛；

③低照明器。有固定式、直立移动式、柱式照明器。

（3）园林照明器具构造

①灯柱。多为支柱形，构成材料有钢筋混凝土、钢管、竹木及仿竹木，柱截面多为圆形和多边形两种；

②灯具。有球形、半球形、圆及半圆筒形、角形、纺锤形、圆和角锥形、组合形等，所用材料则有贴镀金金属铝、钢化玻璃、塑脚、陶瓷、有机玻璃等。

（4）园林照明标准

①照度。目前国内尚无统一标准，一般可采用0.3～1.5lx，作为照度保证。

②光悬挂高度。一般取4.5m高度，而花坛要求设置低照明度的园灯，光源设置高度小于等于1.0m为宜。

园林中多用的灯具为行路灯、草坪灯、装饰灯、地埋灯等，下面分别作简要介绍：

①行路灯。行路照明，方便游人在夜晚能看清园路为目的。步道灯灯杆高度在2.5～4m之间，灯距10～20m布于道路两侧，见图4.40。

图4.40 行路灯

②草坪灯。草坪灯是用于庭院、绿地、花园、湖岸等的照明设施，见图4.41。绿地照明不同于一般广场照明，在功能上求其舒适宜人，照度不宜过大，辐射面不宜过宽，不宜过密，白天是点缀景园，夜晚给人柔和之光。灯距在5～10m，脚灯3～5m。

③装饰灯。见图4.42，用于在大型园林中渲染氛围、增添情趣、勾画庭园轮廓的灯具，有隐藏照明和表露照明两类。

图 4.41　草坪灯

图 4.42　装饰灯

④地埋灯。地埋灯在我国科技照明领域应用很广泛，由于它是埋在地面供人照明因而得名地埋灯，见图 4.43。光源有普通光源和 LED 光源两种，大功率 LED 光源及小功率 LED 光源一般为单色的，灯体普遍有圆形、四方形、长方形、弧形。LED 光源有七色，色彩比较绚丽多彩。

二、职业活动训练——园林建筑小品的设计及应用

1. 承担设计任务书

能根据建筑场地设计成果及相关资料完成该景观工程的服务类小品、展示类小品的布置、设计任务。

图 4.43　地埋灯

2. 分析研究

（1）园林景观小品的选取与设计满足功能要求；

（2）设计的作品符合人体工程学基本尺度；

（3）设计的作品，其风格与园林整体造型相适应；

（4）选择合理的位置和布局，做到巧而得体，精而合宜。

3. 设计内容和要求

（1）内容：总平面图、平面图、立面图、剖面图、透视图，设计说明。

（2）出图标准：A3 图面，比例自定、表达方式不限。

附录　参考图样与实例

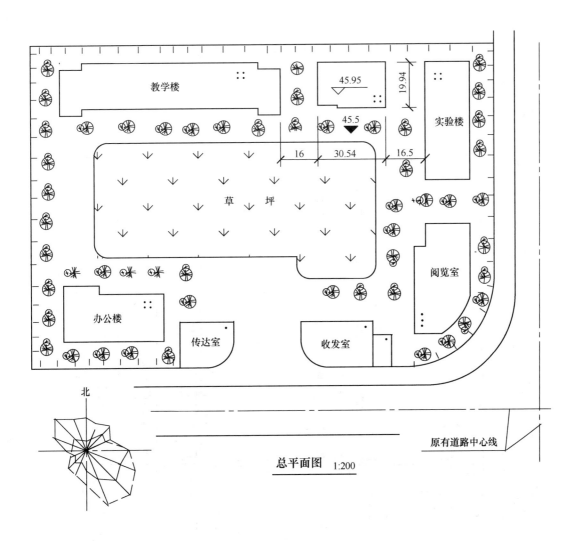

教学楼

45.95

19.94

实验楼

45.5

16　30.54　16.5

草　坪

阅览室

办公楼

传达室　收发室

北

原有道路中心线

总平面图　1:200

附图 5.1　建筑总平面图

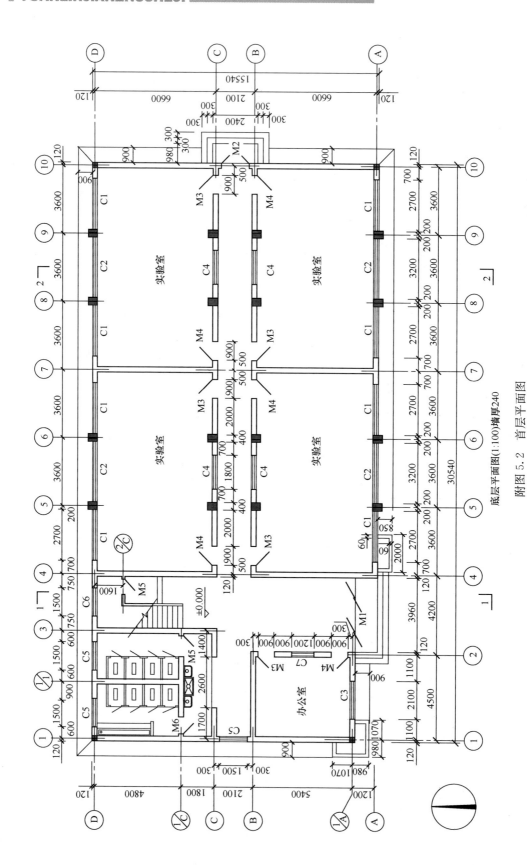

底层平面图(1:100)墙厚240

附图 5.2 首层平面图

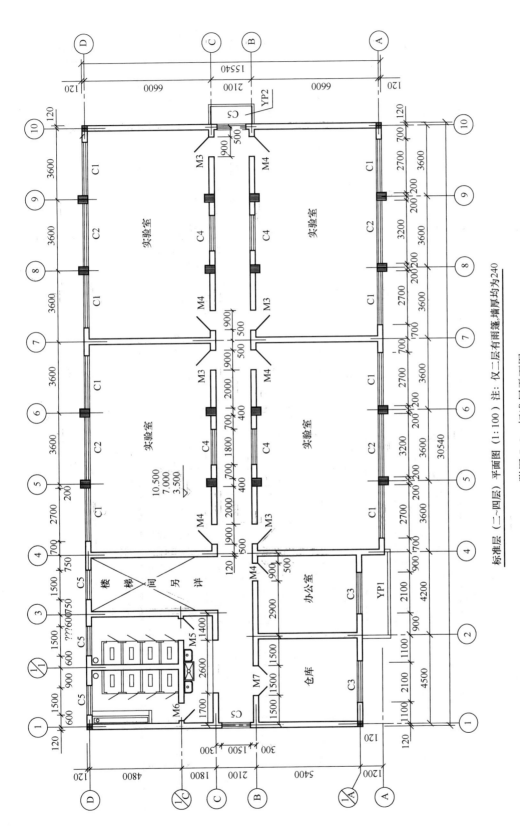

标准层（二~四层）平面图（1:100）注：仅二层有雨篷,墙厚均为240

附图 5.3　标准层平面图

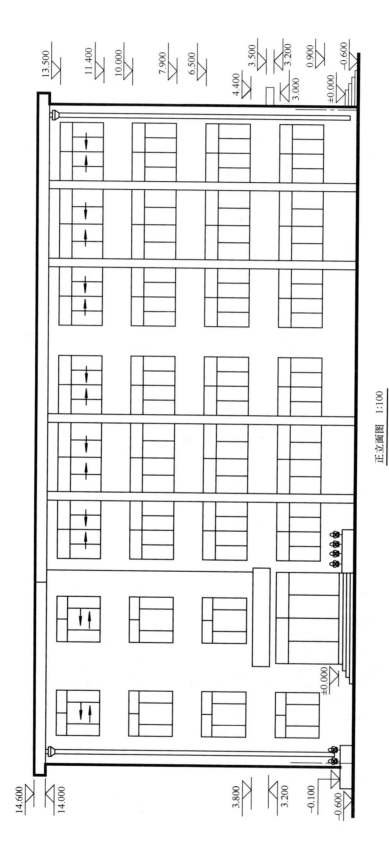

正立面图 1:100

附图 5.4 正立面图

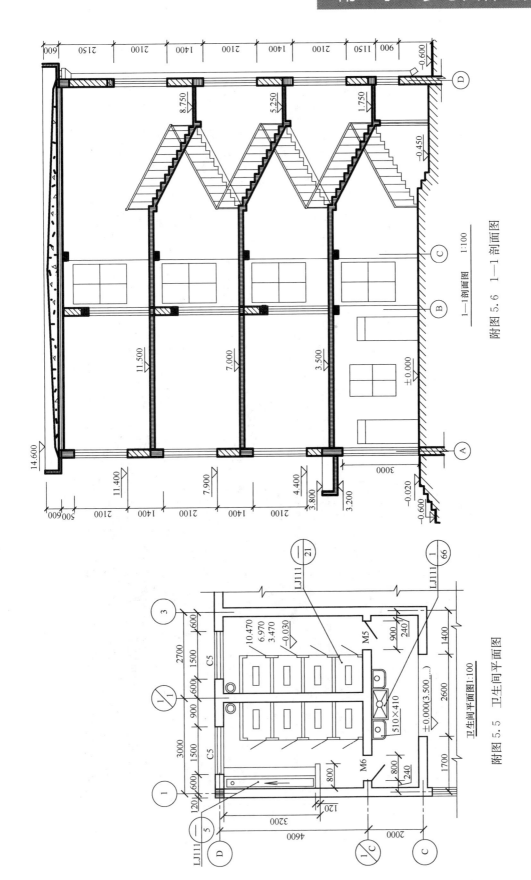

附图 5.6　1—1 剖面图

1—1剖面图　1:100

卫生间平面图

卫生间平面图1:100

附图 5.5　卫生间平面图

附图 5.7 石家庄牡丹园鸟瞰图

附图 5.8　石家庄牡丹园入口牌楼

附图 5.9　石家庄牡丹园六角亭

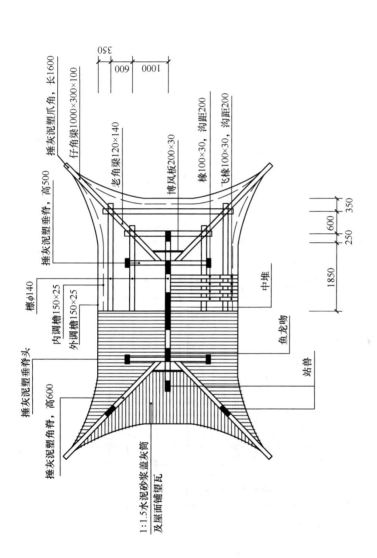

附图5.10　上层木基布置及屋面作法、脊饰布置图

捶灰泥塑爪角，长1600

捶灰泥塑垂脊，高500

捶灰泥塑垂脊头

捶灰泥塑角脊，高600

1:1.5水泥砂浆盖灰筒
及屋面面铺望瓦

仔角梁1000×300×100

老角梁120×140

博风板200×30

椽100×30，沟距200

飞椽100×30，沟距200

檩φ140

内调檐150×25

外调檐150×25

350

600

1000

350

600

250

1850

中堆

鱼龙吻

站兽

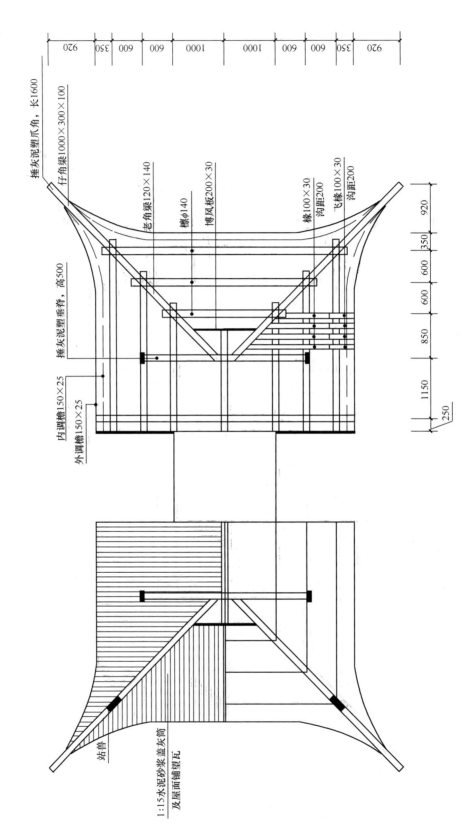

附图 5.11　下层木基布置及屋面作法、脊饰布置图

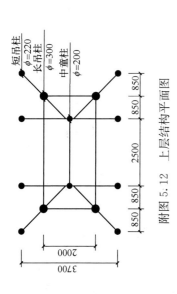

附图 5.12 上层结构平面图

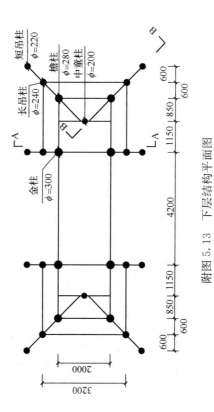

附图 5.13 下层结构平面图

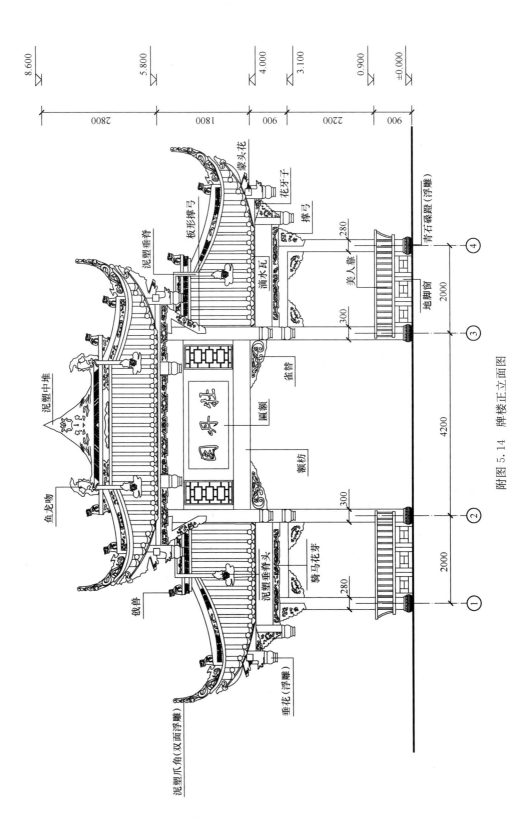

附图 5.14 牌楼正立面图

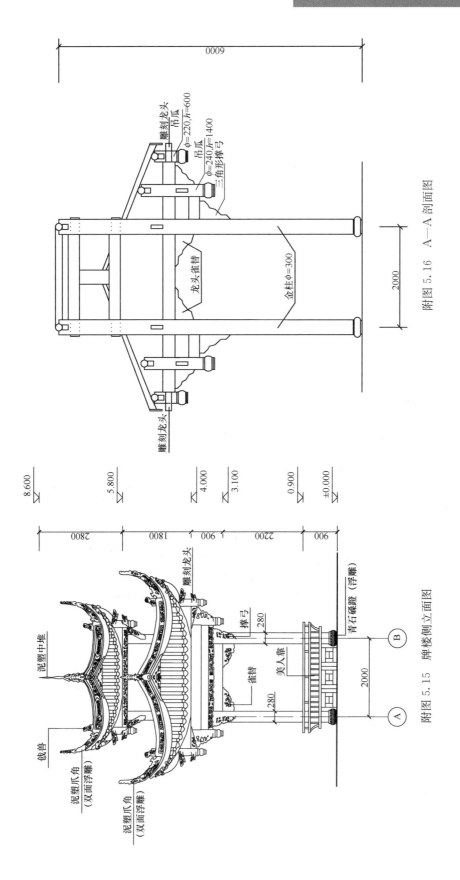

附图 5.16 A—A 剖面图

附图 5.15 牌楼侧立面图

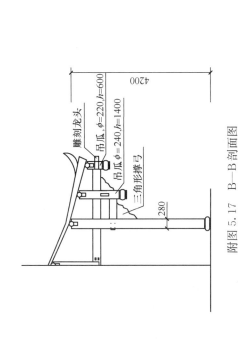

附图 5.17　B—B 剖面图

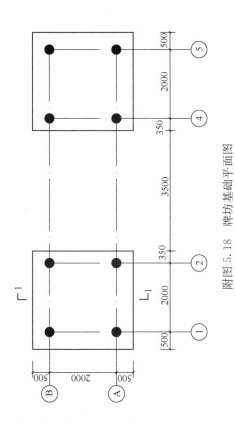

附图 5.18　牌坊基础平面图

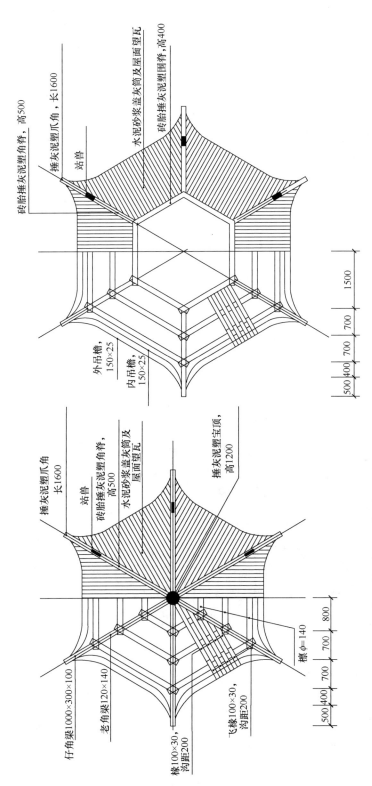

砖胎捶灰泥塑角脊，高500

捶灰泥塑爪角，长1600

站兽

水泥砂浆盖灰筒及筒瓦屋面望瓦

砖胎捶灰泥塑围脊，高400

外吊檐，150×25

内吊檐，150×25

1500
700
700
400
500

捶灰泥塑爪角，长1600

站兽

砖胎捶灰泥塑角脊，高500

水泥砂浆盖灰筒及筒瓦屋面望瓦

捶灰泥塑宝顶，高1200

仔角梁1000×300×100

老角梁120×140

檩φ=140

椽100×30，沟距200

飞椽100×30，沟距200

800
700
700
400
500

附图 5.19　重檐六角亭上、下层木基层布置和屋面盖瓦筑脊布置图

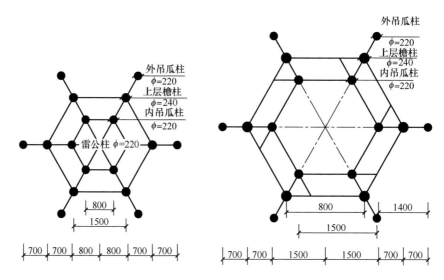

附图 5.20　重檐六角亭上、下层结构平面图

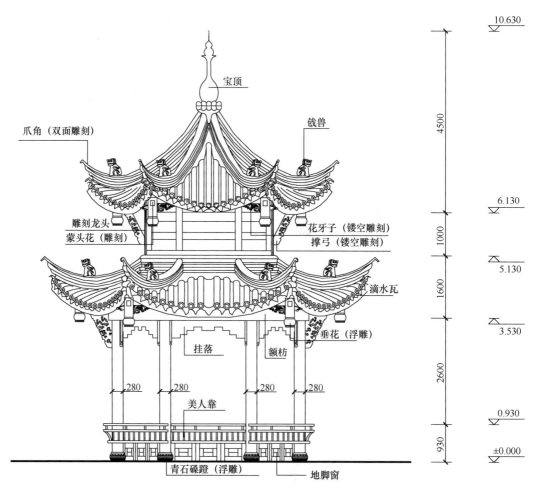

附图 5.21　重檐六角亭立面图

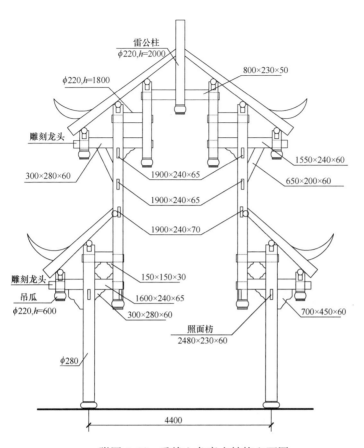

雷公柱
$\phi 220, h=2000$

$\phi 220, h=1800$

$800 \times 230 \times 50$

雕刻龙头

$300 \times 280 \times 60$

$1550 \times 240 \times 60$

$1900 \times 240 \times 65$

$650 \times 200 \times 60$

$1900 \times 240 \times 65$

$1900 \times 240 \times 70$

雕刻龙头

$150 \times 150 \times 30$

吊瓜
$\phi 220, h=600$

$1600 \times 240 \times 65$

$300 \times 280 \times 60$

$700 \times 450 \times 60$

照面枋
$2480 \times 230 \times 60$

$\phi 280$

4400

附图 5.22　重檐六角亭木结构立面图

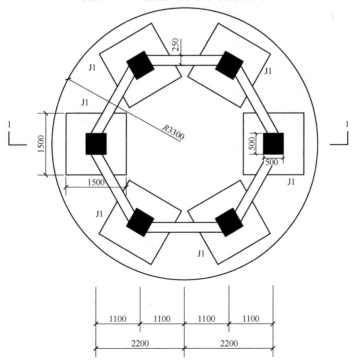

250

J1

J1

J1

J1

$R3300$

1500

500

500

1500

J1

J1

J1

1100　1100　1100　1100

2200　2200

附图 5.23　重檐六角亭基础平面图

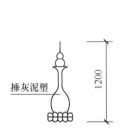

附图 5.24　宝顶详图

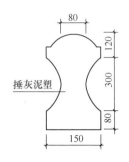

附图 5.25　正（垂）脊详图

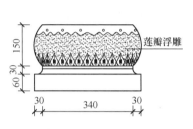

附图 5.26　礅磴详图

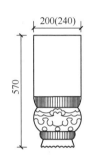

附图 5.27　垂花详图

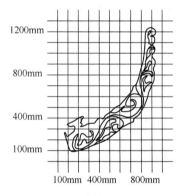

附图 5.28　爪角详图

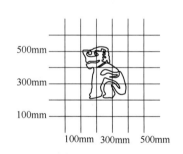

附图 5.29　戗兽详图

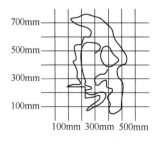

附图 5.30　垂鱼详图

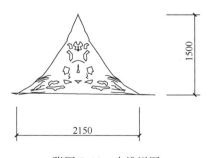

附图 5.31　中堆详图

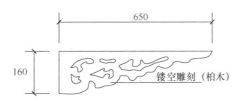

附图 5.32 花牙子详图

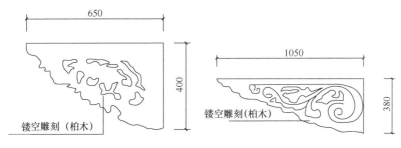

附图 5.33 雀替详图 　　　　　附图 5.34 卷草花卉雀替详图

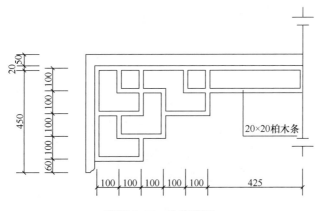

附图 5.35 挂落详图

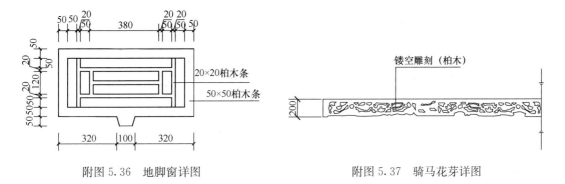

附图 5.36 地脚窗详图 　　　　　附图 5.37 骑马花芽详图

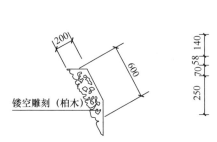

附图 5.38　撑弓详图

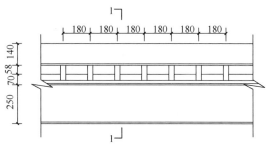

附图 5.39　美人靠座椅平面图

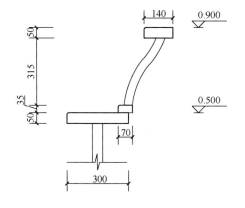

附图 5.40　1-1 剖面图

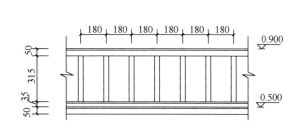

附图 5.41　美人靠座椅立面图

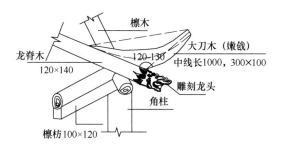

附图 5.42　翼角构造详图

[1] 中华人民共和国住房和城乡建设部. GBT 50103—2010 总图制图标准[S]. 北京：中国计划出版社，2010.

[2] 中华人民共和国住房和城乡建设部. GB/T 50104—2010 建筑制图标准[S]. 北京：中国计划出版社，2010.

[3] 中华人民共和国住房和城乡建设. GB 50001—2010 房屋建筑制图统一标准[S]. 北京：中国计划出版社，2010.

[4] 中国建筑标准设计研究院. 06SJ805 建筑场地园林景观设计深度及图样[S]. 北京：中国计划出版社，2006.

[5] 中国建筑标准设计研究院. 09J802 民用建筑工程建筑初步设计深度图样[S]. 北京：中国计划出版社，2009.

[6] 中国建筑标准设计研究院. 04J012—3 环境景观——亭廊架之一[S]. 北京：中国计划出版社，2008.

[7] 中国建筑标准设计研究院. 03J012－1 环境景观——室外工程细部构造[S]. 北京：中国计划出版社，2007.

[8] 王晓俊. 园林建筑设计[M]. 南京：东南大学出版社，2004.

[9] 成玉宁. 园林建筑设计[M]. 北京：中国农业出版社，2009.

[10] 李慧峰. 园林建筑设计[M]. 北京：化学工业出版社，2011.

[11] 杜汝俭，李恩山，刘管平. 园林建筑设计[M]. 北京：中国建筑工业出版社，2004.

[12] 田永复. 中国园林建筑构造设计(第 2 版)[M]. 北京：中国建筑工业出版社，2008.

[13] 赵研. 房屋建筑学[M]. 北京：高等教育出版社，2002.

[14] 陈科东. 园林工程[M]. 北京：高等教育出版社，2006.

[15] 闫寒. 建筑学场地设计[M]. 北京：中国建筑工业出版社，2006.

[16] 颜宏亮. 建筑构造[M]. 上海：同济大学出版社，2010.

[17] 吴卓珈. 园林建筑设计[M]. 北京：机械工业出版社，2008.